**한 권으로 계산 끝 ②**

지은이 차길영
펴낸이 임상진
펴낸곳 (주)넥서스

초판 1쇄 발행 2019년 07월 05일
초판 3쇄 발행 2019년 07월 10일

2판 1쇄 발행 2020년 02월 13일
2판 2쇄 발행 2020년 02월 17일

출판신고 1992년 4월 3일 제311-2002-2호
10880 경기도 파주시 지목로 5
Tel (02)330-5500 Fax (02)330-5555

ISBN 979-11-6165-673-1 (64410)
        979-11-6165-671-7 (SET)

www.nexusbook.com
www.nexusEDU.kr/math

⏱ 문제풀이 **속도**와 **정확성**을 향상시키는
초등 연산 프로그램

계산력 + 두뇌회전
**UP!**

# 한 권으로 계산 끝

수학의 마술사 **차길영** 지음

**2**

초등수학
**1**학년 과정

넥서스에듀

## 혹시 여러분, 이런 학생은 아닌가요?

문제를 풀면 다 맞긴 하는데 시간이
너무 오래 걸려요.

**341+726**

한 자리 숫자는 자신이 있는데
숫자가 커지면 당황해요.

덧셈과 뺄셈은 어렵지 않은데
곱셈과 나눗셈은 무서워요.

계산할 때 자꾸
손가락을 써요.

문제는 빨리 푸는데
채점하면 비가 내려요.

## 이제 계산 끝이면, 실수 끝! 오답 끝! 걱정 끝!

# 왜 〈한 권으로 계산 끝〉으로 시작해야 하나요?

## 수학의 기본은 계산입니다.

계산력이 약한 학생들은 잦은 실수와 문제풀이 시간 부족으로 수학에 대한 흥미를 잃으며 수학을 점점 멀리하게 되는 것이 현실입니다. 따라서 차근차근 계단을 오르듯 수학의 기본이 되는 계산력부터 길러야 합니다. 이러한 계산력은 매일 규칙적으로 꾸준히 학습하는 것이 중요합니다. '창의성'이나 '사고력 및 논리력'은 수학의 기본인 계산력이 뒷받침이 된 다음에 얘기할 수 있는 것입니다. 우리는 '창의성' 또는 '사고력'을 너무나 동경한 나머지 수학의 기본인 '계산'과 '암기'를 소홀히 생각합니다. 그러나 번뜩이는 문제 해결력이나 아이디어, 창의성은 수없이 반복되어 온 암기 훈련 및 꾸준한 학습을 통해 쌓인 지식에 근거한다는 점을 절대 잊으면 안 됩니다.

## 수학은 일찍 시작해야 합니다.

초등학교 수학 과정은 기초 계산력을 완성시키는 단계입니다. 특히 저학년 때 연산이 차지하는 비율은 전체의 70~80%나 됩니다. 수학 성적의 차이는 머리가 아니라 수학을 얼마나 일찍 시작하느냐에 달려 있습니다. 머리가 좋은 학생이 수학을 잘 하는 것이 아니라 수학을 열심히 공부하는 학생이 머리가 좋아지는 것이죠. 수학이 싫고 어렵다고 어렸을 때부터 수학을 멀리하게 되면 중학교, 고등학교에 올라가서는 수학을 포기하게 됩니다. 수학은 어느 정도 수준에 오르기까지 많은 시간이 필요한 과목이기 때문에 비교적 여유가 있는 초등학교 때 수학의 기본을 다져놓는 것이 중요합니다.

## 혹시 수학 성적이 걱정되고 불안하신가요?

그렇다면 수학의 기본이 되는 계산력부터 키워주세요. 하루 10~20분씩 꾸준히 계산력을 키우게 되면 티끌 모아 태산이 되듯 수학의 기초가 튼튼해지고 수학이 재미있어질 것입니다. 어떤 문제든 기초 계산 능력이 뒷받침되어 있지 않으면 해결할 수 없습니다.
〈한 권으로 계산 끝〉 시리즈로 수학의 재미를 키워보세요. 여러분은 모두 '수학 천재'가 될 수 있습니다. 화이팅!

수학의 마술사 **차길영**

# 구성 및 특징

01

## 계산 원리 학습

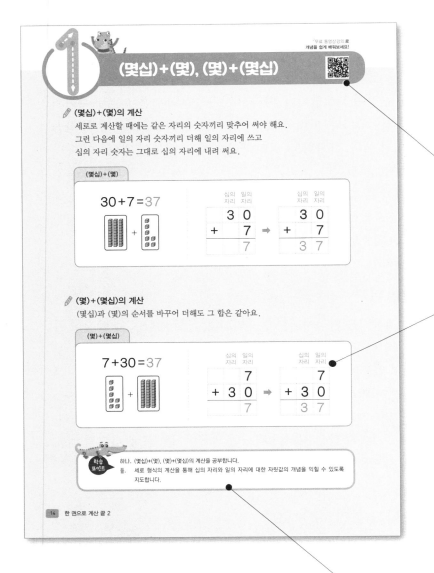

무료 동영상 강의로
계산 원리의 개념을 쉽고
정확하게 이해할 수 있습니다.

QR코드를 스마트폰으로 찍거나
www.nexusEDU.kr/math 접속

초등수학의 새 교육과정에
맞춰 연산 주제의 원리를
이해하고 연산 방법을
이끌어냅니다.

계산 원리의 학습 포인트를
통해 연산의 기초 개념 정리를
한 번에 끝낼 수 있습니다.

## 02 계산력 학습 및 완성

자신의 진도 목표에 따라 하루에 적당한 분량을 정해 학습합니다.
문제를 풀 때 걸리는 시간을 정확히 측정하고 기록해 보세요.
계산력 향상 Up! Up! Up!

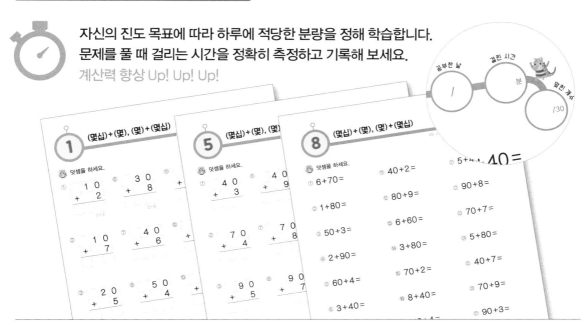

## 03 실력 체크

교재의 중간과 마지막에 나오는 실력 체크 문제로,
앞서 배운 4개의 강의 내용을 복습하고 다시 한 번
실력을 탄탄하게 점검할 수 있습니다.

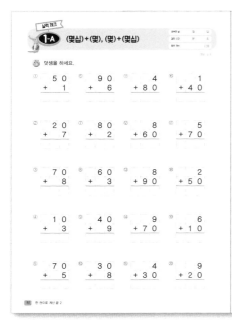

# '한 권으로 계산 끝'만의 차별화된 서비스

✅ 스마트폰으로 QR코드를 찍으면 이 모든 것이 가능해요!

**1 모바일 진단평가**

과연 내 연산 실력은 어떤 레벨일까요?
진단평가로 현재 실력을 확인하고
알맞은 레벨을 선택할 수 있어요.

**2 무료 동영상 강의**

눈에 쏙! 귀에 쏙! 들어오는 개념
설명 강의를 보면, 문제의 답이
쉽게 보인답니다.

**3 초시계**

자신의 문제풀이 속도를
측정하고 '걸린 시간'을
기록하는 습관은
계산 끝판왕이 되는
필수 요소예요.

**4 마무리 평가**

온라인에서 제공하는 별도 추가 종합
문제를 통해 학습한 내용을 복습하고
최종 실력을 확인할 수 있어요.

**5 추가 문제**

각 권마다 추가로
제공되는 문제로
속도력 + 정확성을
키우세요!

✅ 스마트폰이 없어도 걱정 마세요!
**넥서스에듀 홈페이지**로 들어오세요.

※ 진단평가, 마무리 평가의 종합문제 및 추가 문제는
홈페이지에서 다운로드 → 프린트해서 쓸 수 있어요.

**www.nexusEDU.kr/math**

**2 자연수의 덧셈과 뺄셈 초급**

초등수학 **1**학년 과정

● 정답지

# 한 권으로 계산 끝 학습계획표

☑ **하루하루 끝내기로 한 학습 분량을 마치고 학습계획표를 체크해 보세요!**

2주 / 4주 / 8주 완성 학습 목표를 정한 뒤에 매일매일 체크해 보세요.
스스로 공부하는 습관이 길러지고, 수학의 기초 실력인 연산력+계산력이 쑥쑥 향상됩니다.

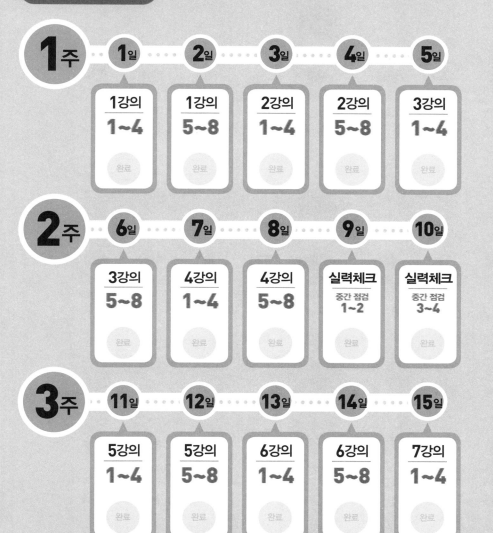

# Study Plans

## 4주 완성

### 1주

| 1일 | 2일 | 3일 | 4일 | 5일 |
|---|---|---|---|---|
| **1강의** 1~4 완료 | **1강의** 5~8 완료 | **2강의** 1~4 완료 | **2강의** 5~8 완료 | **3강의** 1~4 완료 |

### 2주

| 6일 | 7일 | 8일 | 9일 | 10일 |
|---|---|---|---|---|
| **3강의** 5~8 완료 | **4강의** 1~4 완료 | **4강의** 5~8 완료 | **실력체크** 중간 점검 1~2 완료 | **실력체크** 중간 점검 3~4 완료 |

### 3주

| 11일 | 12일 | 13일 | 14일 | 15일 |
|---|---|---|---|---|
| **5강의** 1~4 완료 | **5강의** 5~8 완료 | **6강의** 1~4 완료 | **6강의** 5~8 완료 | **7강의** 1~4 완료 |

### 4주

| 16일 | 17일 | 18일 | 19일 | 20일 |
|---|---|---|---|---|
| **7강의** 5~8 완료 | **8강의** 1~4 완료 | **8강의** 5~8 완료 | **실력체크** 최종 점검 5~6 완료 | **실력체크** 최종 점검 7~8 완료 |

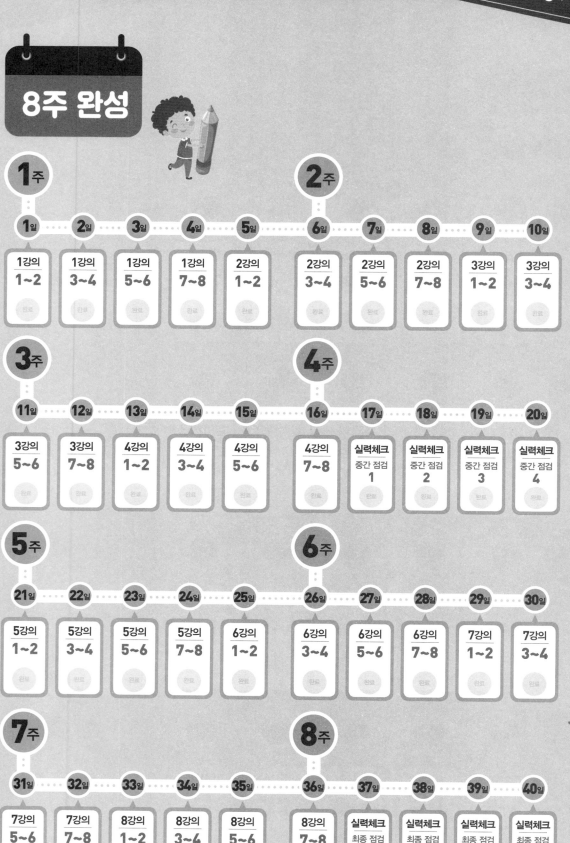

## 8주 완성

**1주**

| 1일 | 2일 | 3일 | 4일 | 5일 | 6일 | 7일 | 8일 | 9일 | 10일 |
|---|---|---|---|---|---|---|---|---|---|
| 1강의 1~2 완료 | 1강의 3~4 완료 | 1강의 5~6 완료 | 1강의 7~8 완료 | 2강의 1~2 완료 | 2강의 3~4 완료 | 2강의 5~6 완료 | 2강의 7~8 완료 | 3강의 1~2 완료 | 3강의 3~4 완료 |

**2주**

**3주**

| 11일 | 12일 | 13일 | 14일 | 15일 | 16일 | 17일 | 18일 | 19일 | 20일 |
|---|---|---|---|---|---|---|---|---|---|
| 3강의 5~6 완료 | 3강의 7~8 완료 | 4강의 1~2 완료 | 4강의 3~4 완료 | 4강의 5~6 완료 | 4강의 7~8 완료 | 실력체크 중간 점검 1 완료 | 실력체크 중간 점검 2 완료 | 실력체크 중간 점검 3 완료 | 실력체크 중간 점검 4 완료 |

**4주**

**5주**

| 21일 | 22일 | 23일 | 24일 | 25일 | 26일 | 27일 | 28일 | 29일 | 30일 |
|---|---|---|---|---|---|---|---|---|---|
| 5강의 1~2 완료 | 5강의 3~4 완료 | 5강의 5~6 완료 | 5강의 7~8 완료 | 6강의 1~2 완료 | 6강의 3~4 완료 | 6강의 5~6 완료 | 6강의 7~8 완료 | 7강의 1~2 완료 | 7강의 3~4 완료 |

**6주**

**7주**

| 31일 | 32일 | 33일 | 34일 | 35일 | 36일 | 37일 | 38일 | 39일 | 40일 |
|---|---|---|---|---|---|---|---|---|---|
| 7강의 5~6 완료 | 7강의 7~8 완료 | 8강의 1~2 완료 | 8강의 3~4 완료 | 8강의 5~6 완료 | 8강의 7~8 완료 | 실력체크 최종 점검 5 완료 | 실력체크 최종 점검 6 완료 | 실력체크 최종 점검 7 완료 | 실력체크 최종 점검 8 완료 |

**8주**

# (몇십)+(몇), (몇)+(몇십)

## ✏️ (몇십)+(몇)의 계산

세로로 계산할 때에는 같은 자리의 숫자끼리 맞추어 써야 해요.
그런 다음에 일의 자리 숫자끼리 더해 일의 자리에 쓰고
십의 자리 숫자는 그대로 십의 자리에 내려 써요.

**(몇십)+(몇)**

$$30 + 7 = 37$$

| | 십의<br>자리 | 일의<br>자리 | | | 십의<br>자리 | 일의<br>자리 |
|---|---|---|---|---|---|---|
| | 3 | 0 | | | 3 | 0 |
| + | | 7 | ➡ | + | | 7 |
| | | 7 | | | 3 | 7 |

## ✏️ (몇)+(몇십)의 계산

(몇십)과 (몇)의 순서를 바꾸어 더해도 그 합은 같아요.

**(몇)+(몇십)**

$$7 + 30 = 37$$

| | 십의<br>자리 | 일의<br>자리 | | | 십의<br>자리 | 일의<br>자리 |
|---|---|---|---|---|---|---|
| | | 7 | | | | 7 |
| + | 3 | 0 | ➡ | + | 3 | 0 |
| | | 7 | | | 3 | 7 |

**학습
포인트**

**하나.** (몇십)+(몇), (몇)+(몇십)의 계산을 공부합니다.

**둘.** 세로 형식의 계산을 통해 십의 자리와 일의 자리에 대한 자릿값의 개념을 익힐 수 있도록
지도합니다.

# 1 (몇십)+(몇), (몇)+(몇십)

🐱 덧셈을 하세요.

① 
```
    1 0
+     2
```
0+2

② 
```
    1 0
+     7
```

③ 
```
    2 0
+     5
```

④ 
```
    2 0
+     9
```

⑤ 
```
    3 0
+     3
```

⑥ 
```
    3 0
+     8
```
0+8

⑦ 
```
    4 0
+     6
```

⑧ 
```
    5 0
+     4
```

⑨ 
```
    5 0
+     7
```

⑩ 
```
    6 0
+     1
```

⑪ 
```
      1
+   5 0
```
1+0

⑫ 
```
      2
+   2 0
```

⑬ 
```
      3
+   6 0
```

⑭ 
```
      4
+   1 0
```

⑮ 
```
      5
+   2 0
```

⑯ 
```
      5
+   3 0
```
5+0

⑰ 
```
      5
+   6 0
```

⑱ 
```
      6
+   5 0
```

⑲ 
```
      8
+   2 0
```

⑳ 
```
      9
+   4 0
```

🦛 덧셈을 하세요.

① 10 +1 =
   0+1

② 20 +4 =

③ 60 +8 =

④ 50 +9 =

⑤ 4 +30 =

⑥ 6 +10 =

⑦ 40 +1 =

⑧ 8 +50 =

⑨ 10 +5 =

⑩ 9 +20 =

⑪ 3 +50 =
   3+0

⑫ 60 +4 =

⑬ 2 +40 =

⑭ 30 +7 =

⑮ 5 +40 =

⑯ 40 +9 =

⑰ 6 +60 =

⑱ 30 +2 =

⑲ 40 +3 =

⑳ 7 +20 =

㉑ 6 +30 =
   6+0

㉒ 3 +20 =

㉓ 50 +2 =

㉔ 8 +30 =

㉕ 10 +9 =

㉖ 20 +0 =

㉗ 7 +50 =

㉘ 2 +10 =

㉙ 60 +7 =

㉚ 1 +20 =

# 3 (몇십)＋(몇), (몇)＋(몇십)

공부한 날

/

걸린 시간

분

정답: p.2

맞힌 개수

/20

🦫 덧셈을 하세요.

① 
```
  1 0
+   3
```
0+3

② 
```
  1 0
+   6
```

③ 
```
  2 0
+   8
```

④ 
```
  3 0
+   5
```

⑤ 
```
  4 0
+   4
```

⑥ 
```
  4 0
+   7
```
0+7

⑦ 
```
  5 0
+   1
```

⑧ 
```
  5 0
+   7
```

⑨ 
```
  6 0
+   2
```

⑩ 
```
  6 0
+   9
```

⑪ 
```
    2
+ 5 0
```
2+0

⑫ 
```
    2
+ 3 0
```

⑬ 
```
    3
+ 4 0
```

⑭ 
```
    4
+ 2 0
```

⑮ 
```
    4
+ 6 0
```

⑯ 
```
    5
+ 1 0
```
5+0

⑰ 
```
    6
+ 4 0
```

⑱ 
```
    7
+ 3 0
```

⑲ 
```
    8
+ 6 0
```

⑳ 
```
    9
+ 1 0
```

# 4  (몇십)+(몇), (몇)+(몇십)

공부한 날

/

걸린 시간

분

맞힌 개수

/30

정답: p.2

🐊 덧셈을 하세요.

① 10+2 =
  └0+2┘

② 1+30 =

③ 10+8 =

④ 5+40 =

⑤ 20+9 =

⑥ 3+10 =

⑦ 30+0 =

⑧ 2+20 =

⑨ 40+1 =

⑩ 8+20 =

⑪ 9+40 =
  └9+0┘

⑫ 6+50 =

⑬ 9+60 =

⑭ 60+5 =

⑮ 4+10 =

⑯ 20+3 =

⑰ 6+20 =

⑱ 30+8 =

⑲ 50+4 =

⑳ 3+60 =

㉑ 5+30 =
  └5+0┘

㉒ 60+7 =

㉓ 2+40 =

㉔ 10+5 =

㉕ 50+2 =

㉖ 30+4 =

㉗ 8+50 =

㉘ 40+7 =

㉙ 7+10 =

㉚ 50+9 =

# 5 (몇십)+(몇), (몇)+(몇십)

공부한 날   걸린 시간

/     분

/20

🐢 덧셈을 하세요.

① 
```
  4 0
+   3
```

⑥ 
```
  4 0
+   9
```

⑪ 
```
  5 0
+   6
```

⑯ 
```
  7 0
+   1
```

② 
```
  7 0
+   4
```

⑦ 
```
  7 0
+   8
```

⑫ 
```
  8 0
+   6
```

⑰ 
```
  9 0
+   2
```

③ 
```
  9 0
+   5
```

⑧ 
```
  9 0
+   7
```

⑬ 
```
    1
+ 8 0
```

⑱ 
```
    2
+ 6 0
```

④ 
```
    3
+ 5 0
```

⑨ 
```
    3
+ 8 0
```

⑭ 
```
    4
+ 9 0
```

⑲ 
```
    5
+ 6 0
```

⑤ 
```
    6
+ 7 0
```

⑩ 
```
    7
+ 5 0
```

⑮ 
```
    7
+ 8 0
```

⑳ 
```
    8
+ 4 0
```

**1. (몇십)+(몇), (몇)+(몇십)** 19

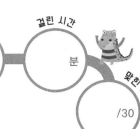
덧셈을 하세요.

① 4+70 =

② 90+4 =

③ 80+2 =

④ 9+40 =

⑤ 70+3 =

⑥ 6+50 =

⑦ 90+1 =

⑧ 2+40 =

⑨ 70+5 =

⑩ 50+7 =

⑪ 50+9 =

⑫ 2+70 =

⑬ 60+8 =

⑭ 5+80 =

⑮ 4+40 =

⑯ 8+50 =

⑰ 60+4 =

⑱ 8+90 =

⑲ 80+9 =

⑳ 60+6 =

㉑ 7+60 =

㉒ 8+80 =

㉓ 40+5 =

㉔ 80+7 =

㉕ 6+90 =

㉖ 50+3 =

㉗ 9+70 =

㉘ 60+2 =

㉙ 3+60 =

㉚ 3+90 =

# 7  (몇십)+(몇), (몇)+(몇십)

정답: p.2

🐸 덧셈을 하세요.

① 
```
   5 0
 +   5
```

⑥ 
```
   6 0
 +   3
```

⑪ 
```
   6 0
 +   9
```

⑯ 
```
   7 0
 +   6
```

② 
```
   8 0
 +   1
```

⑦ 
```
   8 0
 +   4
```

⑫ 
```
   8 0
 +   8
```

⑰ 
```
   9 0
 +   2
```

③ 
```
   9 0
 +   7
```

⑧ 
```
   9 0
 +   9
```

⑬ 
```
     1
 + 9 0
```

⑱ 
```
     2
 + 5 0
```

④ 
```
     3
 + 7 0
```

⑨ 
```
     4
 + 6 0
```

⑭ 
```
     5
 + 9 0
```

⑲ 
```
     6
 + 4 0
```

⑤ 
```
     7
 + 8 0
```

⑩ 
```
     8
 + 7 0
```

⑮ 
```
     9
 + 5 0
```

⑳ 
```
     9
 + 8 0
```

# 8

## (몇십)＋(몇), (몇)＋(몇십)

공부한 날

/

걸린 시간

분

맞힌 개수

/30

정답: p.2

덧셈을 하세요.

① 6＋70＝

② 1＋80＝

③ 50＋3＝

④ 2＋90＝

⑤ 60＋4＝

⑥ 3＋40＝

⑦ 50＋6＝

⑧ 5＋70＝

⑨ 80＋6＝

⑩ 7＋90＝

⑪ 40＋2＝

⑫ 80＋9＝

⑬ 6＋60＝

⑭ 3＋80＝

⑮ 70＋2＝

⑯ 8＋40＝

⑰ 70＋4＝

⑱ 60＋8＝

⑲ 4＋50＝

⑳ 7＋50＝

㉑ 5＋40＝

㉒ 90＋8＝

㉓ 70＋7＝

㉔ 5＋80＝

㉕ 40＋7＝

㉖ 70＋9＝

㉗ 90＋3＝

㉘ 90＋5＝

㉙ 2＋60＝

㉚ 9＋90＝

# ② (몇십몇)+(몇), (몇)+(몇십몇)

 **(몇십몇)+(몇), (몇)+(몇십몇)의 계산**

일의 자리 숫자끼리 더해 나온 숫자는 일의 자리에 쓰고
십의 자리의 숫자는 그대로 십의 자리에 내려 써요.
(몇십몇)과 (몇)의 순서를 바꾸어 더해도 그 합은 같아요.

---

**(몇십몇)+(몇)**

$$42 + 6 = 48$$

|  | 십의 자리 | 일의 자리 |
|---|---|---|
|  | 4 | 2 |
| + |  | 6 |
|  |  | 8 |

➡

|  | 십의 자리 | 일의 자리 |
|---|---|---|
|  | 4 | 2 |
| + |  | 6 |
|  | 4 | 8 |

---

**(몇)+(몇십몇)**

|  | 십의 자리 | 일의 자리 |
|---|---|---|
|  |  | 3 |
| + | 6 | 4 |
|  |  | 7 |

➡

|  | 십의 자리 | 일의 자리 |
|---|---|---|
|  |  | 3 |
| + | 6 | 4 |
|  | 6 | 7 |

---

**학습 포인트**

**하나.** (몇십몇)+(몇), (몇)+(몇십몇)의 계산을 공부합니다.

**둘.** 덧셈의 계산 원리는 같은 자릿값을 갖는 숫자끼리 계산을 하는 것입니다. 그러기 위해서는
자릿값의 개념이 중요하므로 자릿값의 개념을 확실히 익힐 수 있도록 지도합니다.

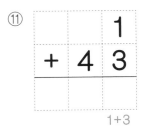 덧셈을 하세요.

① 
```
    1 1
+     3
```
1+3

⑥ 
```
    4 4
+     5
```
4+5

⑪ 
```
      1
+   4 3
```
1+3

⑯ 
```
      4
+   2 2
```
4+2

② 
```
    2 3
+     3
```

⑦ 
```
    5 2
+     4
```

⑫ 
```
      2
+   3 5
```

⑰ 
```
      5
+   2 4
```

③ 
```
    3 1
+     8
```

⑧ 
```
    5 5
+     3
```

⑬ 
```
      3
+   2 6
```

⑱ 
```
      5
+   3 3
```

④ 
```
    3 4
+     2
```

⑨ 
```
    6 3
+     2
```

⑭ 
```
      4
+   6 5
```

⑲ 
```
      6
+   4 1
```

⑤ 
```
    4 2
+     7
```

⑩ 
```
    6 6
+     2
```

⑮ 
```
      4
+   1 3
```

⑳ 
```
      6
+   5 2
```

정답: p.3

덧셈을 하세요.

① $12 + 5 =$
$\underset{2+5}{}$

② $3 + 36 =$

③ $15 + 4 =$

④ $5 + 43 =$

⑤ $27 + 1 =$

⑥ $13 + 2 =$

⑦ $32 + 7 =$

⑧ $1 + 63 =$

⑨ $45 + 2 =$

⑩ $7 + 61 =$

⑪ $6 + 12 =$
$\underset{6+2}{}$

⑫ $62 + 2 =$

⑬ $53 + 5 =$

⑭ $21 + 6 =$

⑮ $68 + 1 =$

⑯ $1 + 16 =$

⑰ $3 + 65 =$

⑱ $5 + 34 =$

⑲ $63 + 4 =$

⑳ $2 + 25 =$

㉑ $56 + 3 =$
$\underset{6+3}{}$

㉒ $41 + 4 =$

㉓ $2 + 55 =$

㉔ $3 + 42 =$

㉕ $34 + 3 =$

㉖ $2 + 17 =$

㉗ $44 + 2 =$

㉘ $3 + 54 =$

㉙ $6 + 23 =$

㉚ $3 + 32 =$

# 3 (몇십몇)＋(몇), (몇)＋(몇십몇)

정답: p.3

공부한 날

/

걸린 시간

분

맞힌 개수

/20

🐿 덧셈을 하세요.

① 
```
    2 1
  +   2
```
1+2

② 
```
    2 5
  +   4
```

③ 
```
    3 6
  +   2
```

④ 
```
    3 7
  +   1
```

⑤ 
```
    4 2
  +   6
```

⑥ 
```
    4 3
  +   6
```
3+6

⑦ 
```
    5 4
  +   2
```

⑧ 
```
    5 7
  +   1
```

⑨ 
```
    6 8
  +   1
```

⑩ 
```
    7 5
  +   3
```

⑪ 
```
      2
  + 3 5
```
2+5

⑫ 
```
      2
  + 4 4
```

⑬ 
```
      3
  + 2 5
```

⑭ 
```
      3
  + 5 4
```

⑮ 
```
      4
  + 7 5
```

⑯ 
```
      4
  + 8 3
```
4+3

⑰ 
```
      5
  + 1 3
```

⑱ 
```
      5
  + 5 1
```

⑲ 
```
      6
  + 7 3
```

⑳ 
```
      6
  + 6 2
```

# 4
## (몇십몇)+(몇), (몇)+(몇십몇)

공부한 날

걸린 시간

/

분

맞힌 개수

/30

정답: p.3

덧셈을 하세요.

① $62+5=$
　　$\underbrace{\phantom{62}}_{2+5}$

② $3+21=$

③ $35+2=$

④ $5+43=$

⑤ $22+4=$

⑥ $67+2=$

⑦ $72+6=$

⑧ $1+68=$

⑨ $75+2=$

⑩ $7+31=$

⑪ $6+62=$
　　$\underbrace{\phantom{662}}_{6+2}$

⑫ $63+2=$

⑬ $13+5=$

⑭ $26+3=$

⑮ $61+4=$

⑯ $4+42=$

⑰ $7+81=$

⑱ $5+34=$

⑲ $32+4=$

⑳ $3+25=$

㉑ $57+1=$
　　$\underbrace{\phantom{571}}_{7+1}$

㉒ $27+2=$

㉓ $2+56=$

㉔ $3+72=$

㉕ $74+5=$

㉖ $2+67=$

㉗ $46+2=$

㉘ $8+81=$

㉙ $3+75=$

㉚ $4+72=$

# 5 (몇십몇)+(몇), (몇)+(몇십몇)

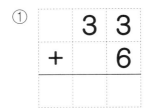 덧셈을 하세요.

① 
```
  3 3
+   6
```

⑥ 
```
  6 5
+   2
```

⑪ 
```
    3
+ 8 5
```

⑯ 
```
    5
+ 5 3
```

② 
```
  3 7
+   1
```

⑦ 
```
  7 3
+   5
```

⑫ 
```
    3
+ 9 2
```

⑰ 
```
    6
+ 7 1
```

③ 
```
  4 2
+   3
```

⑧ 
```
  8 4
+   2
```

⑬ 
```
    4
+ 7 4
```

⑱ 
```
    6
+ 6 2
```

④ 
```
  5 4
+   3
```

⑨ 
```
  8 2
+   5
```

⑭ 
```
    4
+ 8 3
```

⑲ 
```
    7
+ 8 2
```

⑤ 
```
  6 1
+   3
```

⑩ 
```
  8 6
+   2
```

⑮ 
```
    5
+ 4 1
```

⑳ 
```
    7
+ 9 1
```

# 6

## (몇십몇)＋(몇), (몇)＋(몇십몇)

공부한 날

걸린 시간

/

분

맞힌 개수

/30

정답: p.3

 덧셈을 하세요.

① $5+61=$

② $6+62=$

③ $52+5=$

④ $45+3=$

⑤ $94+4=$

⑥ $3+46=$

⑦ $76+2=$

⑧ $7+92=$

⑨ $73+5=$

⑩ $95+2=$

⑪ $81+3=$

⑫ $3+72=$

⑬ $92+3=$

⑭ $4+82=$

⑮ $3+95=$

⑯ $2+43=$

⑰ $71+7=$

⑱ $7+42=$

⑲ $87+1=$

⑳ $63+4=$

㉑ $4+75=$

㉒ $42+4=$

㉓ $84+5=$

㉔ $1+98=$

㉕ $3+84=$

㉖ $4+54=$

㉗ $53+2=$

㉘ $2+65=$

㉙ $66+3=$

㉚ $6+91=$

/20

🐸 덧셈을 하세요.

①
```
    4 2
+     4
```

⑥
```
    7 1
+     6
```

⑪
```
      4
+   3 3
```

⑯
```
      6
+   8 2
```

②
```
    4 5
+     2
```

⑦
```
    8 1
+     4
```

⑫
```
      4
+   7 1
```

⑰
```
      7
+   6 1
```

③
```
    5 6
+     2
```

⑧
```
    8 4
+     3
```

⑬
```
      5
+   8 4
```

⑱
```
      7
+   7 2
```

④
```
    6 3
+     4
```

⑨
```
    9 5
+     1
```

⑭
```
      5
+   2 3
```

⑲
```
      8
+   4 1
```

⑤
```
    6 4
+     5
```

⑩
```
    9 6
+     2
```

⑮
```
      6
+   5 1
```

⑳
```
      8
+   9 1
```

# 8

## (몇십몇)+(몇), (몇)+(몇십몇)

공부한 날

/

걸린 시간

분

맞힌 개수

/30

정답: p.3

덧셈을 하세요.

① $6+62=$

② $5+32=$

③ $62+3=$

④ $27+1=$

⑤ $35+4=$

⑥ $3+74=$

⑦ $75+2=$

⑧ $7+62=$

⑨ $67+2=$

⑩ $96+2=$

⑪ $87+1=$

⑫ $1+46=$

⑬ $91+4=$

⑭ $5+92=$

⑮ $3+54=$

⑯ $2+47=$

⑰ $41+5=$

⑱ $3+52=$

⑲ $62+4=$

⑳ $92+5=$

㉑ $5+24=$

㉒ $72+3=$

㉓ $55+2=$

㉔ $3+24=$

㉕ $4+35=$

㉖ $3+32=$

㉗ $36+2=$

㉘ $4+73=$

㉙ $52+5=$

㉚ $2+76=$

# (몇십몇)−(몇)

## (몇십몇)−(몇)의 계산

일의 자리 숫자끼리 빼서 일의 자리에 쓰고
십의 자리 숫자는 그대로 십의 자리에 내려 써요.

**(몇십몇)−(몇)**

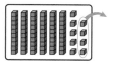

$$69 - 4 = 65$$

| | 십의<br>자리 | 일의<br>자리 | | | 십의<br>자리 | 일의<br>자리 |
|---|---|---|---|---|---|---|
| | 6 | 9 | | | 6 | 9 |
| − | | 4 | ➡ | − | | 4 |
| | | 5 | | | 6 | 5 |

**(몇십몇)−(몇)**

| | 십의<br>자리 | 일의<br>자리 | | | 십의<br>자리 | 일의<br>자리 |
|---|---|---|---|---|---|---|
| | 1 | 6 | | | 1 | 6 |
| − | | 4 | ➡ | − | | 4 |
| | | 2 | | | 1 | 2 |

**하나.** (몇십몇)−(몇)의 계산을 공부합니다.

**둘.** 덧셈과 뺄셈의 계산 원리는 같은 자릿값을 갖는 숫자끼리 계산을 하는 것입니다. 그러기 위해서는 자릿값의 개념이 중요하므로 자릿값의 개념을 확실히 익힐 수 있도록 지도합니다.

🦫 뺄셈을 하세요.

① 
```
  1 6
-   2
```
6-2

⑥ 
```
  2 5
-   4
```
5-4

⑪ 
```
  3 9
-   8
```
9-8

⑯ 
```
  5 5
-   3
```
5-3

② 
```
  1 7
-   4
```

⑦ 
```
  2 8
-   5
```

⑫ 
```
  4 3
-   2
```

⑰ 
```
  5 6
-   1
```

③ 
```
  1 8
-   3
```

⑧ 
```
  3 2
-   1
```

⑬ 
```
  4 5
-   3
```

⑱ 
```
  5 9
-   5
```

④ 
```
  1 9
-   6
```

⑨ 
```
  3 6
-   3
```

⑭ 
```
  4 6
-   5
```

⑲ 
```
  6 8
-   1
```

⑤ 
```
  2 4
-   2
```

⑩ 
```
  3 8
-   6
```

⑮ 
```
  4 7
-   2
```

⑳ 
```
  6 9
-   7
```

🐊 뺄셈을 하세요.

① $12-1=$
   $\underbrace{}_{2-1}$

② $26-5=$

③ $14-3=$

④ $66-1=$

⑤ $17-5=$

⑥ $15-2=$

⑦ $38-3=$

⑧ $28-2=$

⑨ $38-7=$

⑩ $24-3=$

⑪ $29-4=$
   $\underbrace{}_{9-4}$

⑫ $47-5=$

⑬ $39-1=$

⑭ $54-3=$

⑮ $63-2=$

⑯ $35-4=$

⑰ $19-2=$

⑱ $67-4=$

⑲ $44-2=$

⑳ $39-5=$

㉑ $46-4=$
   $\underbrace{}_{6-4}$

㉒ $69-3=$

㉓ $53-1=$

㉔ $48-3=$

㉕ $26-2=$

㉖ $58-5=$

㉗ $18-4=$

㉘ $34-2=$

㉙ $57-2=$

㉚ $25-1=$

# 3 (몇십몇)-(몇)

🐸 뺄셈을 하세요.

① 
```
  2 3
-   2
```
3-2

⑥ 
```
  3 7
-   2
```
7-2

⑪ 
```
  4 9
-   8
```
9-8

⑯ 
```
  6 7
-   2
```
7-2

② 
```
  2 5
-   1
```

⑦ 
```
  3 8
-   4
```

⑫ 
```
  5 2
-   1
```

⑰ 
```
  6 9
-   6
```

③ 
```
  2 6
-   4
```

⑧ 
```
  4 3
-   1
```

⑬ 
```
  5 4
-   2
```

⑱ 
```
  7 4
-   1
```

④ 
```
  3 2
-   1
```

⑨ 
```
  4 5
-   4
```

⑭ 
```
  5 8
-   5
```

⑲ 
```
  7 6
-   2
```

⑤ 
```
  3 4
-   2
```

⑩ 
```
  4 6
-   3
```

⑮ 
```
  6 4
-   2
```

⑳ 
```
  7 8
-   5
```

🦫 뺄셈을 하세요.

① 35−2 =
　　5−2

② 63−2 =

③ 27−4 =

④ 82−1 =

⑤ 29−4 =

⑥ 28−6 =

⑦ 26−1 =

⑧ 45−3 =

⑨ 27−6 =

⑩ 38−2 =

⑪ 58−7 =
　　8−7

⑫ 92−1 =

⑬ 94−2 =

⑭ 45−4 =

⑮ 28−7 =

⑯ 62−1 =

⑰ 79−5 =

⑱ 54−2 =

⑲ 69−7 =

⑳ 47−2 =

㉑ 67−3 =
　　7−3

㉒ 79−2 =

㉓ 89−4 =

㉔ 37−6 =

㉕ 89−8 =

㉖ 36−1 =

㉗ 67−5 =

㉘ 95−3 =

㉙ 74−1 =

㉚ 57−5 =

**5** (몇십몇) - (몇)

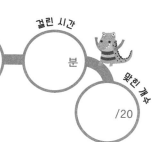

🐊 **뺄셈을 하세요.**

① 
```
    3 4
 -    2
```

② 
```
    3 6
 -    3
```

③ 
```
    3 8
 -    5
```

④ 
```
    4 3
 -    1
```

⑤ 
```
    4 5
 -    4
```

⑥ 
```
    4 7
 -    2
```

⑦ 
```
    4 9
 -    5
```

⑧ 
```
    5 2
 -    1
```

⑨ 
```
    5 5
 -    4
```

⑩ 
```
    5 7
 -    2
```

⑪ 
```
    6 4
 -    1
```

⑫ 
```
    6 8
 -    5
```

⑬ 
```
    6 9
 -    7
```

⑭ 
```
    7 3
 -    1
```

⑮ 
```
    7 4
 -    1
```

⑯ 
```
    7 6
 -    4
```

⑰ 
```
    7 8
 -    5
```

⑱ 
```
    8 4
 -    3
```

⑲ 
```
    8 7
 -    6
```

⑳ 
```
    8 9
 -    1
```

# 6 (몇십몇)−(몇)

공부한 날    걸린 시간    맞힌
/    분    /30
정답: p.4

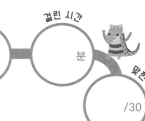

🦛 뺄셈을 하세요.

① 67−3 =

② 46−4 =

③ 76−2 =

④ 95−2 =

⑤ 56−5 =

⑥ 27−1 =

⑦ 19−7 =

⑧ 83−1 =

⑨ 47−5 =

⑩ 35−3 =

⑪ 26−3 =

⑫ 62−1 =

⑬ 78−5 =

⑭ 53−1 =

⑮ 39−3 =

⑯ 93−2 =

⑰ 86−4 =

⑱ 33−1 =

⑲ 25−2 =

⑳ 48−7 =

㉑ 59−6 =

㉒ 88−5 =

㉓ 68−2 =

㉔ 75−3 =

㉕ 97−4 =

㉖ 38−2 =

㉗ 43−1 =

㉘ 76−2 =

㉙ 27−4 =

㉚ 57−3 =

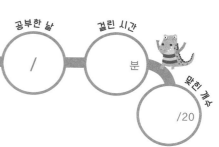

🦛 **뺄셈을 하세요.**

① 
$$\begin{array}{r} 4\ 8 \\ -\quad 7 \\ \hline \end{array}$$

⑥ 
$$\begin{array}{r} 6\ 2 \\ -\quad 1 \\ \hline \end{array}$$

⑪ 
$$\begin{array}{r} 7\ 7 \\ -\quad 3 \\ \hline \end{array}$$

⑯ 
$$\begin{array}{r} 8\ 9 \\ -\quad 7 \\ \hline \end{array}$$

② 
$$\begin{array}{r} 4\ 9 \\ -\quad 1 \\ \hline \end{array}$$

⑦ 
$$\begin{array}{r} 6\ 5 \\ -\quad 3 \\ \hline \end{array}$$

⑫ 
$$\begin{array}{r} 7\ 9 \\ -\quad 2 \\ \hline \end{array}$$

⑰ 
$$\begin{array}{r} 9\ 5 \\ -\quad 4 \\ \hline \end{array}$$

③ 
$$\begin{array}{r} 5\ 3 \\ -\quad 2 \\ \hline \end{array}$$

⑧ 
$$\begin{array}{r} 6\ 7 \\ -\quad 2 \\ \hline \end{array}$$

⑬ 
$$\begin{array}{r} 8\ 3 \\ -\quad 1 \\ \hline \end{array}$$

⑱ 
$$\begin{array}{r} 9\ 6 \\ -\quad 2 \\ \hline \end{array}$$

④ 
$$\begin{array}{r} 5\ 6 \\ -\quad 4 \\ \hline \end{array}$$

⑨ 
$$\begin{array}{r} 7\ 4 \\ -\quad 2 \\ \hline \end{array}$$

⑭ 
$$\begin{array}{r} 8\ 6 \\ -\quad 5 \\ \hline \end{array}$$

⑲ 
$$\begin{array}{r} 9\ 8 \\ -\quad 6 \\ \hline \end{array}$$

⑤ 
$$\begin{array}{r} 5\ 8 \\ -\quad 3 \\ \hline \end{array}$$

⑩ 
$$\begin{array}{r} 7\ 5 \\ -\quad 4 \\ \hline \end{array}$$

⑮ 
$$\begin{array}{r} 8\ 7 \\ -\quad 3 \\ \hline \end{array}$$

⑳ 
$$\begin{array}{r} 9\ 9 \\ -\quad 3 \\ \hline \end{array}$$

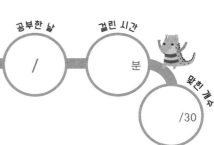
🐸 뺄셈을 하세요.

① 77-1=

② 93-2=

③ 98-3=

④ 99-5=

⑤ 45-3=

⑥ 97-2=

⑦ 87-4=

⑧ 49-4=

⑨ 54-2=

⑩ 89-3=

⑪ 48-6=

⑫ 59-1=

⑬ 77-5=

⑭ 75-2=

⑮ 88-3=

⑯ 66-4=

⑰ 57-3=

⑱ 79-6=

⑲ 96-5=

⑳ 68-5=

㉑ 74-3=

㉒ 78-4=

㉓ 42-1=

㉔ 85-3=

㉕ 59-7=

㉖ 88-6=

㉗ 67-3=

㉘ 86-2=

㉙ 99-8=

㉚ 64-3=

# ④ (몇십)±(몇십)

## ✏️ (몇십)+(몇십)의 계산

일의 자리에 0을 그대로 내려쓴 다음, 십의 자리 숫자끼리 더해 십의 자리에 써요.

(몇십)+(몇십)

$$20+40=60$$

| 십의<br>자리 | 일의<br>자리 | | 십의<br>자리 | 일의<br>자리 |
|---|---|---|---|---|
| 2 | 0 | | 2 | 0 |
| + 4 | 0 | ➡ | + 4 | 0 |
| | 0 | | 6 | 0 |

## ✏️ (몇십)-(몇십)의 계산

일의 자리에 0을 그대로 내려쓴 다음, 십의 자리 숫자끼리 빼서 십의 자리에 써요.

(몇십)-(몇십)

$$50-30=20$$

| 십의<br>자리 | 일의<br>자리 | | 십의<br>자리 | 일의<br>자리 |
|---|---|---|---|---|
| 5 | 0 | | 5 | 0 |
| − 3 | 0 | ➡ | − 3 | 0 |
| | 0 | | 2 | 0 |

**학습 포인트**

하나. (몇십)±(몇십)의 계산을 공부합니다.

둘. (몇십)±(몇십)의 계산에서 일의 자리는 모두 0이므로 십의 자리 숫자끼리의 계산으로 답을 쓰면 되는 원리를 알게 합니다.

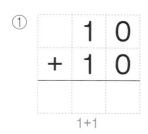 계산을 하세요.

① 
$$\begin{array}{r} 1\ 0 \\ +\ 1\ 0 \\ \hline \end{array}$$
1+1

⑦ 
$$\begin{array}{r} 3\ 0 \\ +\ 3\ 0 \\ \hline \end{array}$$
3+3

⑬ 
$$\begin{array}{r} 2\ 0 \\ -\ 1\ 0 \\ \hline \end{array}$$
2-1

⑲ 
$$\begin{array}{r} 7\ 0 \\ -\ 2\ 0 \\ \hline \end{array}$$
7-2

② 
$$\begin{array}{r} 1\ 0 \\ +\ 4\ 0 \\ \hline \end{array}$$

⑧ 
$$\begin{array}{r} 3\ 0 \\ +\ 4\ 0 \\ \hline \end{array}$$

⑭ 
$$\begin{array}{r} 3\ 0 \\ -\ 2\ 0 \\ \hline \end{array}$$

⑳ 
$$\begin{array}{r} 7\ 0 \\ -\ 3\ 0 \\ \hline \end{array}$$

③ 
$$\begin{array}{r} 1\ 0 \\ +\ 6\ 0 \\ \hline \end{array}$$

⑨ 
$$\begin{array}{r} 4\ 0 \\ +\ 2\ 0 \\ \hline \end{array}$$

⑮ 
$$\begin{array}{r} 4\ 0 \\ -\ 1\ 0 \\ \hline \end{array}$$

㉑ 
$$\begin{array}{r} 7\ 0 \\ -\ 5\ 0 \\ \hline \end{array}$$

④ 
$$\begin{array}{r} 2\ 0 \\ +\ 3\ 0 \\ \hline \end{array}$$

⑩ 
$$\begin{array}{r} 4\ 0 \\ +\ 5\ 0 \\ \hline \end{array}$$

⑯ 
$$\begin{array}{r} 4\ 0 \\ -\ 3\ 0 \\ \hline \end{array}$$

㉒ 
$$\begin{array}{r} 8\ 0 \\ -\ 4\ 0 \\ \hline \end{array}$$

⑤ 
$$\begin{array}{r} 2\ 0 \\ +\ 6\ 0 \\ \hline \end{array}$$

⑪ 
$$\begin{array}{r} 5\ 0 \\ +\ 1\ 0 \\ \hline \end{array}$$

⑰ 
$$\begin{array}{r} 5\ 0 \\ -\ 2\ 0 \\ \hline \end{array}$$

㉓ 
$$\begin{array}{r} 8\ 0 \\ -\ 5\ 0 \\ \hline \end{array}$$

⑥ 
$$\begin{array}{r} 3\ 0 \\ +\ 1\ 0 \\ \hline \end{array}$$

⑫ 
$$\begin{array}{r} 6\ 0 \\ +\ 3\ 0 \\ \hline \end{array}$$

⑱ 
$$\begin{array}{r} 6\ 0 \\ -\ 4\ 0 \\ \hline \end{array}$$

㉔ 
$$\begin{array}{r} 9\ 0 \\ -\ 6\ 0 \\ \hline \end{array}$$

# 2 (몇십)±(몇십)

공부한 날

걸린 시간

/

분

정답: p.5

맞힌 개수

/30

🦫 계산을 하세요.

① 20+10 =
   2+1

② 40-20 =

③ 10+60 =

④ 30-10 =

⑤ 30+20 =

⑥ 50-40 =

⑦ 40+30 =

⑧ 20+30 =

⑨ 90-50 =

⑩ 60-20 =

⑪ 60-30 =
   6-3

⑫ 80-30 =

⑬ 30+50 =

⑭ 50-10 =

⑮ 50+40 =

⑯ 30+60 =

⑰ 80-10 =

⑱ 60-50 =

⑲ 20+50 =

⑳ 10+70 =

㉑ 60+20 =
   6+2

㉒ 70-40 =

㉓ 90-20 =

㉔ 20+20 =

㉕ 80+10 =

㉖ 70-60 =

㉗ 10+40 =

㉘ 90-70 =

㉙ 40+40 =

㉚ 80-60 =

# 3 (몇십)±(몇십)

정답: p.5

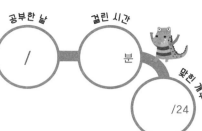

 계산을 하세요.

① 
$$\begin{array}{r} 1\ 0 \\ +\ 2\ 0 \\ \hline \end{array}$$
1+2

⑦ 
$$\begin{array}{r} 2\ 0 \\ +\ 7\ 0 \\ \hline \end{array}$$
2+7

⑬ 
$$\begin{array}{r} 3\ 0 \\ -\ 2\ 0 \\ \hline \end{array}$$
3-2

⑲ 
$$\begin{array}{r} 7\ 0 \\ -\ 3\ 0 \\ \hline \end{array}$$
7-3

② 
$$\begin{array}{r} 1\ 0 \\ +\ 3\ 0 \\ \hline \end{array}$$

⑧ 
$$\begin{array}{r} 3\ 0 \\ +\ 4\ 0 \\ \hline \end{array}$$

⑭ 
$$\begin{array}{r} 4\ 0 \\ -\ 3\ 0 \\ \hline \end{array}$$

⑳ 
$$\begin{array}{r} 7\ 0 \\ -\ 5\ 0 \\ \hline \end{array}$$

③ 
$$\begin{array}{r} 1\ 0 \\ +\ 5\ 0 \\ \hline \end{array}$$

⑨ 
$$\begin{array}{r} 4\ 0 \\ +\ 1\ 0 \\ \hline \end{array}$$

⑮ 
$$\begin{array}{r} 5\ 0 \\ -\ 2\ 0 \\ \hline \end{array}$$

㉑ 
$$\begin{array}{r} 8\ 0 \\ -\ 2\ 0 \\ \hline \end{array}$$

④ 
$$\begin{array}{r} 1\ 0 \\ +\ 8\ 0 \\ \hline \end{array}$$

⑩ 
$$\begin{array}{r} 5\ 0 \\ +\ 2\ 0 \\ \hline \end{array}$$

⑯ 
$$\begin{array}{r} 6\ 0 \\ -\ 1\ 0 \\ \hline \end{array}$$

㉒ 
$$\begin{array}{r} 8\ 0 \\ -\ 7\ 0 \\ \hline \end{array}$$

⑤ 
$$\begin{array}{r} 2\ 0 \\ +\ 4\ 0 \\ \hline \end{array}$$

⑪ 
$$\begin{array}{r} 5\ 0 \\ +\ 3\ 0 \\ \hline \end{array}$$

⑰ 
$$\begin{array}{r} 6\ 0 \\ -\ 4\ 0 \\ \hline \end{array}$$

㉓ 
$$\begin{array}{r} 9\ 0 \\ -\ 4\ 0 \\ \hline \end{array}$$

⑥ 
$$\begin{array}{r} 2\ 0 \\ +\ 6\ 0 \\ \hline \end{array}$$

⑫ 
$$\begin{array}{r} 7\ 0 \\ +\ 1\ 0 \\ \hline \end{array}$$

⑱ 
$$\begin{array}{r} 7\ 0 \\ -\ 1\ 0 \\ \hline \end{array}$$

㉔ 
$$\begin{array}{r} 9\ 0 \\ -\ 6\ 0 \\ \hline \end{array}$$

🐸 계산을 하세요.

① 30+10 =
　　3+1

② 20-10 =

③ 10+20 =

④ 30+50 =

⑤ 60-30 =

⑥ 50-20 =

⑦ 30+30 =

⑧ 90-70 =

⑨ 40+40 =

⑩ 60+30 =

⑪ 40-20 =
　　4-2

⑫ 20+60 =

⑬ 60-40 =

⑭ 70-30 =

⑮ 80-50 =

⑯ 80-10 =

⑰ 40+50 =

⑱ 50-40 =

⑲ 20+50 =

⑳ 10+80 =

㉑ 50+10 =
　　5+1

㉒ 30-10 =

㉓ 40+30 =

㉔ 70-20 =

㉕ 90-30 =

㉖ 10+40 =

㉗ 70+20 =

㉘ 10+70 =

㉙ 80-30 =

㉚ 70-60 =

# (몇십)±(몇십)

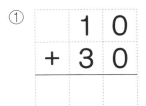 계산을 하세요.

① 
```
   1 0
 + 3 0
```

⑦ 
```
   1 0
 + 6 0
```

⑬ 
```
   2 0
 + 1 0
```

⑲ 
```
   2 0
 + 2 0
```

② 
```
   2 0
 + 4 0
```

⑧ 
```
   2 0
 + 7 0
```

⑭ 
```
   3 0
 + 2 0
```

⑳ 
```
   3 0
 + 6 0
```

③ 
```
   5 0
 + 1 0
```

⑨ 
```
   5 0
 + 4 0
```

⑮ 
```
   6 0
 + 2 0
```

㉑ 
```
   8 0
 + 1 0
```

④ 
```
   3 0
 - 2 0
```

⑩ 
```
   4 0
 - 3 0
```

⑯ 
```
   5 0
 - 1 0
```

㉒ 
```
   5 0
 - 3 0
```

⑤ 
```
   6 0
 - 2 0
```

⑪ 
```
   6 0
 - 5 0
```

⑰ 
```
   7 0
 - 4 0
```

㉓ 
```
   7 0
 - 7 0
```

⑥ 
```
   8 0
 - 2 0
```

⑫ 
```
   8 0
 - 6 0
```

⑱ 
```
   9 0
 - 4 0
```

㉔ 
```
   9 0
 - 8 0
```

# 6 (몇십)±(몇십)

공부한 날
/

걸린 시간
분

맞힌 개수
/30

정답: p.5

 계산을 하세요.

① 60−10 =

② 40+30 =

③ 70+20 =

④ 40−10 =

⑤ 90−20 =

⑥ 50+40 =

⑦ 80−20 =

⑧ 90−40 =

⑨ 10+80 =

⑩ 30+20 =

⑪ 10+30 =

⑫ 50−30 =

⑬ 80−40 =

⑭ 30+60 =

⑮ 80−50 =

⑯ 30−20 =

⑰ 40+40 =

⑱ 60+20 =

⑲ 80−70 =

⑳ 30+30 =

㉑ 20+50 =

㉒ 70−30 =

㉓ 90−60 =

㉔ 40+20 =

㉕ 70−50 =

㉖ 50+30 =

㉗ 10+40 =

㉘ 60−50 =

㉙ 40−40 =

㉚ 60+10 =

# (몇십)±(몇십)

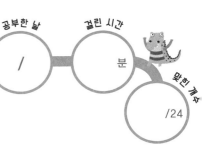

🐸 계산을 하세요.

① 
```
  1 0
+ 6 0
```

⑦ 
```
  2 0
+ 2 0
```

⑬ 
```
  2 0
+ 6 0
```

⑲ 
```
  2 0
+ 7 0
```

② 
```
  3 0
+ 4 0
```

⑧ 
```
  3 0
+ 5 0
```

⑭ 
```
  4 0
+ 5 0
```

⑳ 
```
  5 0
+ 1 0
```

③ 
```
  5 0
+ 2 0
```

⑨ 
```
  6 0
+ 3 0
```

⑮ 
```
  7 0
+ 1 0
```

㉑ 
```
  8 0
+ 1 0
```

④ 
```
  3 0
- 3 0
```

⑩ 
```
  4 0
- 2 0
```

⑯ 
```
  5 0
- 4 0
```

㉒ 
```
  6 0
- 2 0
```

⑤ 
```
  7 0
- 2 0
```

⑪ 
```
  7 0
- 4 0
```

⑰ 
```
  7 0
- 6 0
```

㉓ 
```
  8 0
- 3 0
```

⑥ 
```
  8 0
- 6 0
```

⑫ 
```
  9 0
- 1 0
```

⑱ 
```
  9 0
- 5 0
```

㉔ 
```
  9 0
- 8 0
```

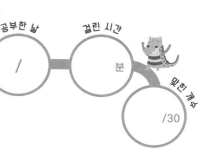

🦛 계산을 하세요.

① 90−20 =

② 30+10 =

③ 70−20 =

④ 20+20 =

⑤ 10+50 =

⑥ 50+20 =

⑦ 40−20 =

⑧ 50+30 =

⑨ 90−80 =

⑩ 30+40 =

⑪ 60−10 =

⑫ 50+40 =

⑬ 40−30 =

⑭ 20+40 =

⑮ 80−50 =

⑯ 10+70 =

⑰ 70−40 =

⑱ 60+30 =

⑲ 70−60 =

⑳ 40+40 =

㉑ 90−30 =

㉒ 40+20 =

㉓ 80−40 =

㉔ 80+10 =

㉕ 60−40 =

㉖ 50−50 =

㉗ 30−10 =

㉘ 20+60 =

㉙ 90−50 =

㉚ 70+20 =

# 실력 체크

## 중간 점검

실력 체크

1-A  (몇십)+(몇), (몇)+(몇십)

| 공부한 날 | 월 | 일 |
| 걸린 시간 | 분 | 초 |
| 맞힌 개수 | | /20 |

정답: p.6

 계산을 하세요.

① 
```
    5 0
+     1
```

② 
```
    2 0
+     7
```

③ 
```
    7 0
+     8
```

④ 
```
    1 0
+     3
```

⑤ 
```
    7 0
+     5
```

⑥ 
```
    9 0
+     6
```

⑦ 
```
    8 0
+     2
```

⑧ 
```
    6 0
+     3
```

⑨ 
```
    4 0
+     9
```

⑩ 
```
    3 0
+     8
```

⑪ 
```
      4
+   8 0
```

⑫ 
```
      8
+   6 0
```

⑬ 
```
      8
+   9 0
```

⑭ 
```
      9
+   7 0
```

⑮ 
```
      4
+   3 0
```

⑯ 
```
      1
+   4 0
```

⑰ 
```
      5
+   7 0
```

⑱ 
```
      2
+   5 0
```

⑲ 
```
      6
+   1 0
```

⑳ 
```
      9
+   2 0
```

실력 체크

**1-B** (몇십)+(몇), (몇)+(몇십)

| 공부한 날 | 월 | 일 |
|---|---|---|
| 걸린 시간 | 분 | 초 |
| 맞힌 개수 | | /21 |

정답: p.6

계산을 하세요.

① 80+1=

② 40+0=

③ 30+5=

④ 7+30=

⑤ 70+6=

⑥ 9+10=

⑦ 3+60=

⑧ 10+7=

⑨ 90+3=

⑩ 2+20=

⑪ 6+80=

⑫ 20+8=

⑬ 80+7=

⑭ 4+40=

⑮ 2+70=

⑯ 60+8=

⑰ 70+4=

⑱ 5+90=

⑲ 50+6=

⑳ 8+50=

㉑ 90+9=

실력 체크

**2-A** (몇십몇)+(몇), (몇)+(몇십몇)

| 공부한 날 | 월 | 일 |
| 걸린 시간 | 분 | 초 |
| 맞힌 개수 | | /20 |

정답: p.6

🐸 계산을 하세요.

①
```
    6 3
  +   3
```

②
```
    7 2
  +   4
```

③
```
    8 4
  +   3
```

④
```
    2 1
  +   8
```

⑤
```
    3 5
  +   3
```

⑥
```
      2
  + 4 6
```

⑦
```
      3
  + 1 5
```

⑧
```
      4
  + 3 2
```

⑨
```
      2
  + 6 7
```

⑩
```
      1
  + 7 8
```

⑪
```
    4 6
  +   2
```

⑫
```
    5 5
  +   2
```

⑬
```
    7 8
  +   1
```

⑭
```
    2 6
  +   3
```

⑮
```
    3 2
  +   7
```

⑯
```
      3
  + 5 2
```

⑰
```
      2
  + 9 5
```

⑱
```
      2
  + 6 3
```

⑲
```
      2
  + 7 5
```

⑳
```
      6
  + 4 2
```

## 2-B (몇십몇)＋(몇), (몇)＋(몇십몇)

| 공부한 날 | 월 | 일 |
| --- | --- | --- |
| 걸린 시간 | 분 | 초 |
| 맞힌 개수 | | /21 |

정답: p.6

 계산을 하세요.

① $46+3=$

② $62+6=$

③ $5+82=$

④ $7+41=$

⑤ $83+3=$

⑥ $5+64=$

⑦ $93+4=$

⑧ $2+23=$

⑨ $4+74=$

⑩ $74+2=$

⑪ $41+7=$

⑫ $62+6=$

⑬ $23+5=$

⑭ $55+2=$

⑮ $52+6=$

⑯ $18+1=$

⑰ $74+3=$

⑱ $3+94=$

⑲ $81+5=$

⑳ $2+56=$

㉑ $27+2=$

# 3-A  (몇십몇)−(몇)

| 공부한 날 | 월 | 일 |
|---|---|---|
| 걸린 시간 | 분 | 초 |
| 맞힌 개수 | | /20 |

정답: p.7

 계산을 하세요.

① 
```
  4 6
-   2
-----
```

② 
```
  5 8
-   3
-----
```

③ 
```
  7 9
-   4
-----
```

④ 
```
  2 9
-   1
-----
```

⑤ 
```
  3 7
-   5
-----
```

⑥ 
```
  9 7
-   4
-----
```

⑦ 
```
  6 6
-   2
-----
```

⑧ 
```
  8 5
-   1
-----
```

⑨ 
```
  1 8
-   3
-----
```

⑩ 
```
  4 6
-   5
-----
```

⑪ 
```
  6 8
-   3
-----
```

⑫ 
```
  9 7
-   3
-----
```

⑬ 
```
  7 6
-   1
-----
```

⑭ 
```
  8 4
-   2
-----
```

⑮ 
```
  4 7
-   4
-----
```

⑯ 
```
  3 3
-   2
-----
```

⑰ 
```
  5 9
-   8
-----
```

⑱ 
```
  1 8
-   5
-----
```

⑲ 
```
  2 6
-   3
-----
```

⑳ 
```
  7 8
-   6
-----
```

실력 체크

3-B  (몇십몇)-(몇)

| 공부한 날 | 월 | 일 |
| 걸린 시간 | 분 | 초 |
| 맞힌 개수 | | /21 |

정답: p.7

 계산을 하세요.

① 98-5=

② 47-4=

③ 69-8=

④ 74-2=

⑤ 55-2=

⑥ 67-4=

⑦ 99-5=

⑧ 56-3=

⑨ 89-4=

⑩ 76-2=

⑪ 94-3=

⑫ 79-8=

⑬ 27-2=

⑭ 84-1=

⑮ 28-3=

⑯ 68-2=

⑰ 68-6=

⑱ 56-3=

⑲ 78-7=

⑳ 84-1=

㉑ 19-3=

# 4-A (몇십)±(몇십)

| 공부한 날 | 월 | 일 |
| --- | --- | --- |
| 걸린 시간 | 분 | 초 |
| 맞힌 개수 | | /24 |

정답: p.7

 계산을 하세요.

① 
```
  2 0
+ 3 0
```

② 
```
  3 0
+ 5 0
```

③ 
```
  1 0
+ 6 0
```

④ 
```
  2 0
+ 7 0
```

⑤ 
```
  4 0
+ 3 0
```

⑥ 
```
  1 0
+ 1 0
```

⑦ 
```
  1 0
+ 8 0
```

⑧ 
```
  7 0
+ 1 0
```

⑨ 
```
  3 0
+ 3 0
```

⑩ 
```
  1 0
+ 4 0
```

⑪ 
```
  6 0
+ 2 0
```

⑫ 
```
  4 0
+ 5 0
```

⑬ 
```
  5 0
- 1 0
```

⑭ 
```
  9 0
- 6 0
```

⑮ 
```
  7 0
- 5 0
```

⑯ 
```
  8 0
- 7 0
```

⑰ 
```
  5 0
- 3 0
```

⑱ 
```
  8 0
- 2 0
```

⑲ 
```
  9 0
- 4 0
```

⑳ 
```
  7 0
- 3 0
```

㉑ 
```
  5 0
- 4 0
```

㉒ 
```
  6 0
- 3 0
```

㉓ 
```
  7 0
- 1 0
```

㉔ 
```
  2 0
- 1 0
```

# 4-B (몇십)±(몇십)

| 공부한 날 | 월 | 일 |
|---|---|---|
| 걸린 시간 | 분 | 초 |
| 맞힌 개수 | | /21 |

정답: p.7

 계산을 하세요.

① 20+20 =

② 90-30 =

③ 10+70 =

④ 80-40 =

⑤ 60+30 =

⑥ 20+60 =

⑦ 30+40 =

⑧ 90-10 =

⑨ 40+40 =

⑩ 90-70 =

⑪ 70-20 =

⑫ 40+10 =

⑬ 10+30 =

⑭ 60-40 =

⑮ 80-60 =

⑯ 30+50 =

⑰ 80+10 =

⑱ 40-30 =

⑲ 50+20 =

⑳ 70+20 =

㉑ 20-20 =

# 5 (몇십몇)±(몇십몇)

## ✏️ (몇십몇)+(몇십몇)의 계산

일의 자리 숫자끼리 더해 나온 숫자는 일의 자리에 쓰고,
십의 자리 숫자끼리 더해 나온 숫자는 십의 자리에 써요.

**(몇십몇)+(몇십몇)**

$$32+46=78$$

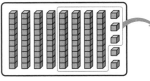

| 십의 자리 | 일의 자리 |
|---|---|
| 3 | 2 |
| + 4 | 6 |
|  | 8 |

➡️

| 십의 자리 | 일의 자리 |
|---|---|
| 3 | 2 |
| + 4 | 6 |
| 7 | 8 |

## ✏️ (몇십몇)−(몇십몇)의 계산

일의 자리 숫자끼리 빼서 나온 숫자는 일의 자리에 쓰고,
십의 자리 숫자끼리 빼서 나온 숫자는 십의 자리에 써요.

**(몇십몇)−(몇십몇)**

$$85-43=42$$

| 십의 자리 | 일의 자리 |
|---|---|
| 8 | 5 |
| − 4 | 3 |
|  | 2 |

➡️

| 십의 자리 | 일의 자리 |
|---|---|
| 8 | 5 |
| − 4 | 3 |
| 4 | 2 |

**하나.** (몇십몇)±(몇십몇)의 계산을 공부합니다.
**둘.** 세로 형식으로 계산할 때에는 같은 자리의 숫자끼리 맞추어 쓸 수 있도록 지도합니다.

# 1 (몇십몇)±(몇십몇)

🐸 계산을 하세요.

① 
```
    1 2
+   1 3
```
1+1  2+3

② 
```
    1 3
+   6 4
```

③ 
```
    1 5
+   3 1
```

④ 
```
    2 1
+   4 2
```

⑤ 
```
    2 3
+   5 2
```

⑥ 
```
    3 2
+   2 1
```

⑦ 
```
    3 2
+   6 6
```
3+6  2+6

⑧ 
```
    3 4
+   4 5
```

⑨ 
```
    4 0
+   1 2
```

⑩ 
```
    4 3
+   3 5
```

⑪ 
```
    5 6
+   2 3
```

⑫ 
```
    6 1
+   3 4
```

⑬ 
```
    2 3
-   1 1
```
2-1  3-1

⑭ 
```
    3 4
-   1 2
```

⑮ 
```
    4 2
-   3 2
```

⑯ 
```
    4 5
-   2 0
```

⑰ 
```
    5 6
-   1 4
```

⑱ 
```
    5 8
-   2 3
```

⑲ 
```
    6 5
-   4 2
```
6-4  5-2

⑳ 
```
    6 7
-   2 4
```

㉑ 
```
    7 4
-   5 1
```

㉒ 
```
    7 6
-   3 2
```

㉓ 
```
    7 6
-   6 5
```

㉔ 
```
    8 7
-   5 5
```

**2** (몇십몇) ± (몇십몇)

공부한 날

걸린 시간

/

분

맞힌 개수

/30

정답: p.8

계산을 하세요.

① $12 + 15 =$
  1+1
  2+5

② $89 - 68 =$

③ $12 + 51 =$

④ $64 - 23 =$

⑤ $35 + 30 =$

⑥ $24 - 11 =$

⑦ $51 + 34 =$

⑧ $78 - 14 =$

⑨ $23 + 65 =$

⑩ $47 - 12 =$

⑪ $79 - 42 =$
  7-4
  9-2

⑫ $35 - 15 =$

⑬ $46 + 23 =$

⑭ $68 - 45 =$

⑮ $31 + 17 =$

⑯ $89 - 27 =$

⑰ $36 + 42 =$

⑱ $23 + 71 =$

⑲ $58 + 21 =$

⑳ $46 - 24 =$

㉑ $21 + 31 =$
  2+3
  1+1

㉒ $62 - 32 =$

㉓ $14 + 23 =$

㉔ $57 - 36 =$

㉕ $65 + 34 =$

㉖ $35 - 21 =$

㉗ $72 + 13 =$

㉘ $86 - 43 =$

㉙ $14 + 63 =$

㉚ $71 - 20 =$

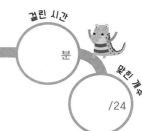

🐸 계산을 하세요.

① 
```
   1 1
 + 4 1
```
1+4

② 
```
   1 2
 + 5 6
```

③ 
```
   1 3
 + 2 0
```

④ 
```
   2 3
 + 1 2
```

⑤ 
```
   2 5
 + 3 4
```

⑥ 
```
   2 6
 + 6 1
```

⑦ 
```
   3 2
 + 4 5
```
3+4

⑧ 
```
   3 4
 + 2 1
```

⑨ 
```
   4 1
 + 2 3
```

⑩ 
```
   4 2
 + 4 7
```

⑪ 
```
   5 4
 + 2 3
```

⑫ 
```
   7 6
 + 2 3
```

⑬ 
```
   2 9
 - 1 7
```
2-1

⑭ 
```
   3 6
 - 2 1
```

⑮ 
```
   5 4
 - 3 1
```

⑯ 
```
   5 5
 - 1 2
```

⑰ 
```
   5 8
 - 2 5
```

⑱ 
```
   6 7
 - 3 2
```

⑲ 
```
   6 8
 - 5 4
```
6-5

⑳ 
```
   7 4
 - 5 3
```

㉑ 
```
   7 5
 - 6 5
```

㉒ 
```
   7 6
 - 2 3
```

㉓ 
```
   7 8
 - 4 0
```

㉔ 
```
   8 7
 - 1 6
```

 계산을 하세요.

① 59−23 =
5−2　9−3

② 69−47 =

③ 63+26 =

④ 36−12 =

⑤ 50+26 =

⑥ 12+74 =

⑦ 23+16 =

⑧ 73−42 =

⑨ 41+52 =

⑩ 12+23 =

⑪ 45+33 =
4+3　5+3

⑫ 54−32 =

⑬ 37+21 =

⑭ 72−50 =

⑮ 53+13 =

⑯ 68−12 =

⑰ 35+52 =

⑱ 67−24 =

⑲ 47−37 =

⑳ 24+45 =

㉑ 37−21 =
3−2　7−1

㉒ 78−35 =

㉓ 32+17 =

㉔ 89−35 =

㉕ 51+43 =

㉖ 48−13 =

㉗ 21+28 =

㉘ 85−23 =

㉙ 14+42 =

㉚ 86−55 =

# 5

## (몇십몇) ± (몇십몇)

공부한 날

걸린 시간

정답 : p.8

/

분

맞힌 개수

/24

🐹 계산을 하세요.

① 
```
  1 2
+ 3 7
```

② 
```
  2 5
+ 7 4
```

③ 
```
  4 6
+ 4 2
```

④ 
```
  4 7
- 1 4
```

⑤ 
```
  6 7
- 1 6
```

⑥ 
```
  8 4
- 5 4
```

⑦ 
```
  1 5
+ 6 1
```

⑧ 
```
  2 8
+ 1 1
```

⑨ 
```
  5 2
+ 1 2
```

⑩ 
```
  4 8
- 2 7
```

⑪ 
```
  6 7
- 4 2
```

⑫ 
```
  9 7
- 6 5
```

⑬ 
```
  2 3
+ 3 5
```

⑭ 
```
  3 7
+ 5 0
```

⑮ 
```
  6 3
+ 2 4
```

⑯ 
```
  5 4
- 2 3
```

⑰ 
```
  7 6
- 3 0
```

⑱ 
```
  9 8
- 2 6
```

⑲ 
```
  2 4
+ 5 2
```

⑳ 
```
  4 3
+ 2 6
```

㉑ 
```
  7 1
+ 1 7
```

㉒ 
```
  5 6
- 4 2
```

㉓ 
```
  8 3
- 4 1
```

㉔ 
```
  9 9
- 5 2
```

# 6 (몇십몇)±(몇십몇)

공부한 날

걸린 시간

분

맞힌 개수

/30

정답: p.8

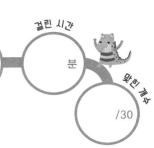

🦫 계산을 하세요.

① 69−16 =

② 37−23 =

③ 12+62 =

④ 46+53 =

⑤ 78−45 =

⑥ 51+35 =

⑦ 12+85 =

⑧ 37+32 =

⑨ 96−43 =

⑩ 73+25 =

⑪ 43+32 =

⑫ 89−21 =

⑬ 75−34 =

⑭ 23+23 =

⑮ 40+26 =

⑯ 97−36 =

⑰ 79−58 =

⑱ 54+13 =

⑲ 46−12 =

⑳ 36+41 =

㉑ 83−43 =

㉒ 31+62 =

㉓ 14+41 =

㉔ 64−22 =

㉕ 84−60 =

㉖ 62+16 =

㉗ 57−32 =

㉘ 48−34 =

㉙ 61+28 =

㉚ 96−15 =

# 7 (몇십몇)±(몇십몇)

정답: p.8

계산을 하세요.

① 　1 2
＋6 3

② 　4 5
＋4 1

③ 　6 1
＋3 7

④ 　4 9
－2 4

⑤ 　6 7
－5 0

⑥ 　8 9
－3 6

⑦ 　2 5
＋4 2

⑧ 　4 6
＋3 2

⑨ 　6 4
＋2 3

⑩ 　5 7
－4 5

⑪ 　7 6
－2 4

⑫ 　8 9
－5 8

⑬ 　3 4
＋2 4

⑭ 　5 0
＋3 9

⑮ 　7 2
＋1 6

⑯ 　5 8
－1 5

⑰ 　7 8
－3 2

⑱ 　9 2
－8 1

⑲ 　4 3
＋5 5

⑳ 　5 7
＋2 1

㉑ 　8 5
＋1 4

㉒ 　6 5
－3 2

㉓ 　8 3
－1 3

㉔ 　9 8
－7 7

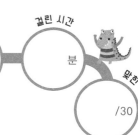

계산을 하세요.

① 48+31 =

② 14+72 =

③ 88-67 =

④ 44+53 =

⑤ 89-22 =

⑥ 98-84 =

⑦ 92-51 =

⑧ 25+44 =

⑨ 76-56 =

⑩ 87+10 =

⑪ 68-43 =

⑫ 71+27 =

⑬ 79-35 =

⑭ 12+61 =

⑮ 87-36 =

⑯ 31+54 =

⑰ 59-43 =

⑱ 24+74 =

⑲ 96-64 =

⑳ 54+43 =

㉑ 85-70 =

㉒ 65+31 =

㉓ 47-16 =

㉔ 43+41 =

㉕ 64-13 =

㉖ 52+26 =

㉗ 95-22 =

㉘ 23+26 =

㉙ 57-24 =

㉚ 62+17 =

# 6 한 자리 수인 세 수의 덧셈과 뺄셈

## ✏️ 세 수의 덧셈과 세 수의 뺄셈

계산 순서를 지켜 앞에서부터 두 수씩 차례로 계산해요.

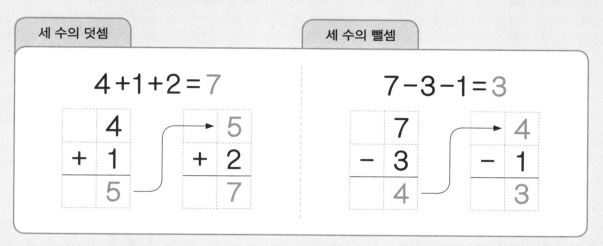

**세 수의 덧셈**

$4+1+2=7$

$$\begin{array}{r} 4 \\ +\ 1 \\ \hline 5 \end{array} \quad \begin{array}{r} 5 \\ +\ 2 \\ \hline 7 \end{array}$$

**세 수의 뺄셈**

$7-3-1=3$

$$\begin{array}{r} 7 \\ -\ 3 \\ \hline 4 \end{array} \quad \begin{array}{r} 4 \\ -\ 1 \\ \hline 3 \end{array}$$

## ✏️ 세 수의 덧셈과 뺄셈

계산 순서를 지켜 앞에서부터 두 수씩 차례로 계산해요.

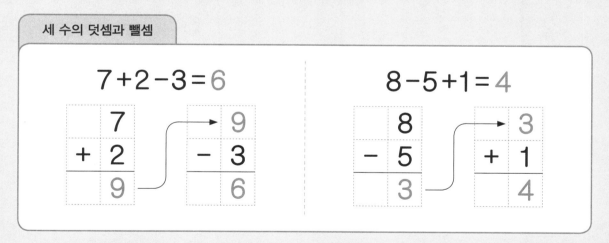

**세 수의 덧셈과 뺄셈**

$7+2-3=6$

$$\begin{array}{r} 7 \\ +\ 2 \\ \hline 9 \end{array} \quad \begin{array}{r} 9 \\ -\ 3 \\ \hline 6 \end{array}$$

$8-5+1=4$

$$\begin{array}{r} 8 \\ -\ 5 \\ \hline 3 \end{array} \quad \begin{array}{r} 3 \\ +\ 1 \\ \hline 4 \end{array}$$

**학습 포인트**

**하나.** 한 자리 수인 세 수의 덧셈과 뺄셈을 공부합니다.

**둘.** 세 수의 덧셈과 뺄셈에서 순서를 바꾸어 계산하면 계산할 수 없거나 결과가 달라지므로 계산 순서를 지켜 계산하도록 지도합니다.

# 1 한 자리 수인 세 수의 덧셈과 뺄셈

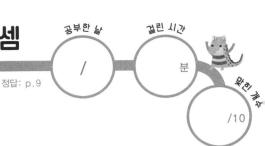

공부한 날
/

걸린 시간
분

맞힌 개수
/10

정답: p.9

 계산을 하세요.

① 1+2+3=

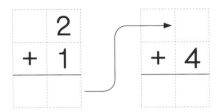

② 2+1+4=

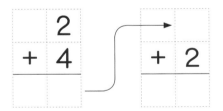

③ 2+4+2=

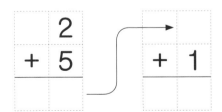

④ 2+5+1=

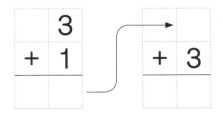

⑤ 3+1+3=

⑥ 3+2+4=

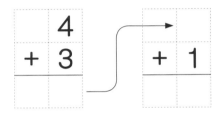

⑦ 4+3+1=

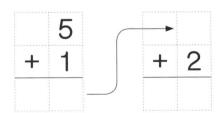

⑧ 5+1+2=

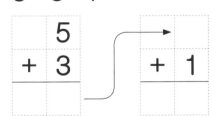

⑨ 5+3+1=

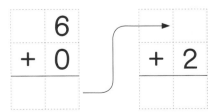

⑩ 6+0+2=

□ 안에 알맞은 수를 써넣으세요.

① $3 + 1 + 2 =$ ☐

② $4 + 1 + 4 =$ ☐

③ $3 + 2 + 3 =$ ☐

④ $2 + 1 + 6 =$ ☐

⑤ $1 + 4 + 3 =$ ☐

⑥ $5 + 2 + 1 =$ ☐

⑦ $2 + 3 + 4 =$ ☐

⑧ $3 + 5 + 1 =$ ☐

계산을 하세요.

① 4-1-2=

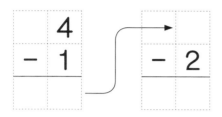

② 5-3-1=

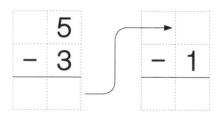

③ 5-2-3=

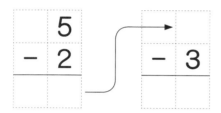

④ 6-3-2=

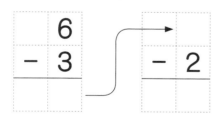

⑤ 7-2-4=

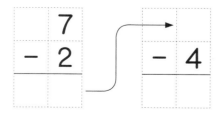

⑥ 7-4-1=

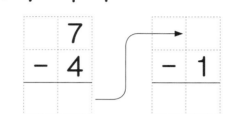

⑦ 8-5-2=

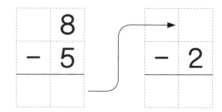

⑧ 8-6-1=

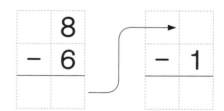

⑨ 9-2-5=

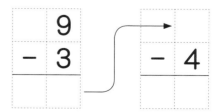

⑩ 9-3-4=

정답: p.9

□ 안에 알맞은 수를 써넣으세요.

① 7 - 3 - 2 = ☐

⑤ 7 - 1 - 3 = ☐

② 6 - 2 - 4 = ☐

⑥ 9 - 3 - 2 = ☐

③ 5 - 1 - 1 = ☐

⑦ 8 - 4 - 3 = ☐

④ 6 - 1 - 2 = ☐

⑧ 9 - 6 - 2 = ☐

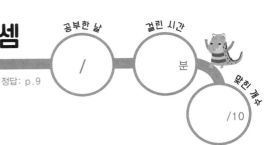

🦛 계산을 하세요.

① 1+3-2=

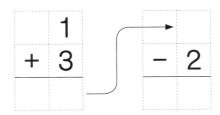

② 2+4-5=

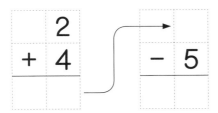

③ 3+5-2=

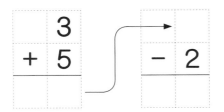

④ 4+2-2=

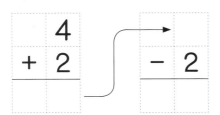

⑤ 5+1-6=

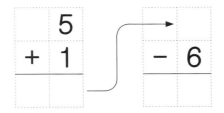

⑥ 5+3-7=

⑦ 6+3-5=

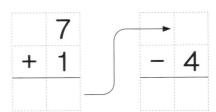

⑧ 7+1-4=

⑨ 7+2-6=

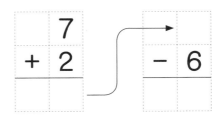

⑩ 8+1-3=

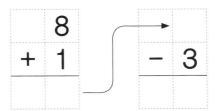

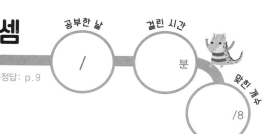
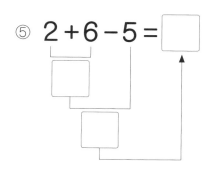 □ 안에 알맞은 수를 써넣으세요.

① 3 + 3 − 4 = □

② 4 + 4 − 3 = □

③ 5 + 2 − 5 = □

④ 7 + 1 − 8 = □

⑤ 2 + 6 − 5 = □

⑥ 8 + 1 − 6 = □

⑦ 6 + 3 − 3 = □

⑧ 4 + 3 − 6 = □

계산을 하세요.

① 2-1+3=

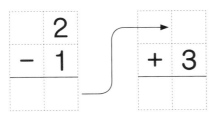

② 3-2+5=

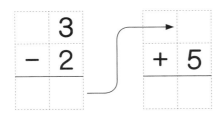

③ 4-1+3=

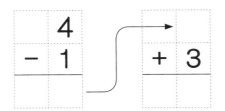

④ 5-2+2=

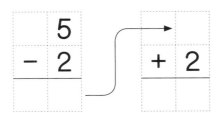

⑤ 5-3+4=

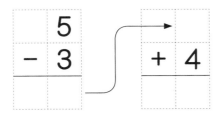

⑥ 6-4+5=

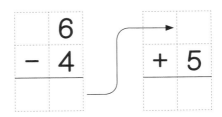

⑦ 7-5+6=

⑧ 8-3+2=

⑨ 8-5+3=

⑩ 9-6+5=

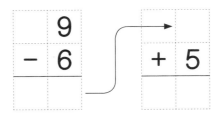

□ 안에 알맞은 수를 써넣으세요.

① $8-3+3=\boxed{\phantom{0}}$

⑤ $6-4+7=\boxed{\phantom{0}}$

② $9-6+4=\boxed{\phantom{0}}$

⑥ $5-2+5=\boxed{\phantom{0}}$

③ $2-1+6=\boxed{\phantom{0}}$

⑦ $7-4+3=\boxed{\phantom{0}}$

④ $6-2+4=\boxed{\phantom{0}}$

⑧ $4-3+8=\boxed{\phantom{0}}$

# 받아올림이 있는 (몇)+(몇)

무료 동영상강의로
개념을 쉽게 배워보세요!

✏️ **더하는 수 가르기**

더해지는 수가 10이 되도록 더하는 수를 가르기하여 계산해요.

**더하는 수 가르기**

더하는 수

$$8 + 6 = 14$$

8 + 2 + 4

10 + 4

✏️ **더해지는 수 가르기**

더하는 수가 10이 되도록 더해지는 수를 가르기하여 계산해요.

**더해지는 수 가르기**

더해지는 수

$$8 + 6 = 14$$

4 + 4 + 6

4 + 10

**학습 포인트**

**하나.** 받아올림이 있는 (몇)+(몇)을 공부합니다.

**둘.** 받아올림이 있는 덧셈을 세로 형식으로 나타내는 것에 익숙해지도록 지도합니다.

## 받아올림이 있는 (몇)+(몇)

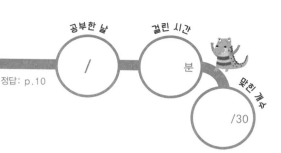

정답: p.10

🦛 더하는 수 가르기로 덧셈을 하세요.

① 2+9 =
2 + 8 + 1
10 + 1

② 3+8 =

③ 4+7 =

④ 4+8 =

⑤ 5+6 =

⑥ 5+7 =

⑦ 5+8 =

⑧ 6+5 =

⑨ 6+6 =

⑩ 6+7 =

⑪ 6+8 =
6 + 4 + 4
10 + 4

⑫ 6+9 =

⑬ 7+4 =

⑭ 7+5 =

⑮ 7+6 =

⑯ 7+7 =

⑰ 7+8 =

⑱ 7+9 =

⑲ 8+3 =

⑳ 8+4 =

㉑ 8+5 =
8 + 2 + 3
10 + 3

㉒ 8+7 =

㉓ 8+8 =

㉔ 8+9 =

㉕ 9+2 =

㉖ 9+3 =

㉗ 9+4 =

㉘ 9+5 =

㉙ 9+6 =

㉚ 9+7 =

# 2  받아올림이 있는 (몇)+(몇)

공부한 날

/

걸린 시간

분

정답: p.10

맞힌 개수

/20

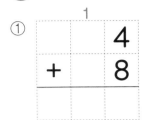 덧셈을 하세요.

①
```
      1
      4
 +    8
```

⑥
```
      1
      6
 +    9
```

⑪
```
      1
      6
 +    8
```

⑯
```
      1
      8
 +    3
```

②
```
      9
 +    5
```

⑦
```
      3
 +    8
```

⑫
```
      7
 +    9
```

⑰
```
      5
 +    7
```

③
```
      3
 +    9
```

⑧
```
      5
 +    6
```

⑬
```
      9
 +    3
```

⑱
```
      7
 +    7
```

④
```
      8
 +    9
```

⑨
```
      8
 +    7
```

⑭
```
      9
 +    2
```

⑲
```
      6
 +    6
```

⑤
```
      7
 +    6
```

⑩
```
      4
 +    7
```

⑮
```
      9
 +    9
```

⑳
```
      8
 +    5
```

# 3

## 받아올림이 있는 (몇)+(몇)

공부한 날
/

걸린 시간
분

맞힌 개수
/30

정답: p.10

🦛 더해지는 수 가르기로 덧셈을 하세요.

① $2+9=$
1 + 1 + 9
1 + 10

② $3+8=$

③ $3+9=$

④ $4+8=$

⑤ $4+9=$

⑥ $5+7=$

⑦ $5+8=$

⑧ $5+9=$

⑨ $6+5=$

⑩ $6+6=$

⑪ $6+7=$
3 + 3 + 7
3 + 10

⑫ $6+8=$

⑬ $7+4=$

⑭ $7+5=$

⑮ $7+6=$

⑯ $7+7=$

⑰ $7+8=$

⑱ $8+4=$

⑲ $8+5=$

⑳ $8+6=$

㉑ $8+7=$
5 + 3 + 7
5 + 10

㉒ $8+8=$

㉓ $8+9=$

㉔ $9+2=$

㉕ $9+3=$

㉖ $9+4=$

㉗ $9+5=$

㉘ $9+6=$

㉙ $9+7=$

㉚ $9+8=$

# 받아올림이 있는 (몇)+(몇)

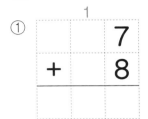 덧셈을 하세요.

① 
```
    1
    7
+   8
─────
```

⑥ 
```
    1
    8
+   6
─────
```

⑪ 
```
    1
    6
+   5
─────
```

⑯ 
```
    1
    7
+   9
─────
```

② 
```
    8
+   4
─────
```

⑦ 
```
    3
+   8
─────
```

⑫ 
```
    9
+   4
─────
```

⑰ 
```
    6
+   7
─────
```

③ 
```
    5
+   9
─────
```

⑧ 
```
    4
+   7
─────
```

⑬ 
```
    5
+   6
─────
```

⑱ 
```
    8
+   8
─────
```

④ 
```
    7
+   5
─────
```

⑨ 
```
    5
+   8
─────
```

⑭ 
```
    2
+   9
─────
```

⑲ 
```
    4
+   8
─────
```

⑤ 
```
    6
+   9
─────
```

⑩ 
```
    8
+   3
─────
```

⑮ 
```
    9
+   9
─────
```

⑳ 
```
    9
+   7
─────
```

# 5

## 받아올림이 있는 (몇)+(몇)

공부한 날

걸린 시간

/

분

맞힌 개수

/30

정답: p.10

 더하는 수 가르기로 덧셈을 하세요.

① 3+8=

② 4+9=

③ 5+9=

④ 6+7=

⑤ 7+6=

⑥ 7+9=

⑦ 8+5=

⑧ 8+8=

⑨ 9+4=

⑩ 9+7=

⑪ 3+9=

⑫ 5+7=

⑬ 6+5=

⑭ 6+8=

⑮ 7+7=

⑯ 8+3=

⑰ 8+6=

⑱ 8+9=

⑲ 9+5=

⑳ 9+8=

㉑ 4+8=

㉒ 5+8=

㉓ 6+6=

㉔ 7+5=

㉕ 7+8=

㉖ 8+4=

㉗ 8+7=

㉘ 9+3=

㉙ 9+6=

㉚ 9+9=

# 받아올림이 있는 (몇) + (몇)

공부한 날

걸린 시간

/

분

정답: p.10

맞힌 개수

/20

 덧셈을 하세요.

① 
```
    5
+   9
―――
```

② 
```
    2
+   9
―――
```

③ 
```
    7
+   6
―――
```

④ 
```
    4
+   7
―――
```

⑤ 
```
    6
+   9
―――
```

⑥ 
```
    9
+   4
―――
```

⑦ 
```
    3
+   8
―――
```

⑧ 
```
    9
+   5
―――
```

⑨ 
```
    8
+   6
―――
```

⑩ 
```
    7
+   5
―――
```

⑪ 
```
    8
+   9
―――
```

⑫ 
```
    6
+   5
―――
```

⑬ 
```
    5
+   8
―――
```

⑭ 
```
    9
+   7
―――
```

⑮ 
```
    5
+   6
―――
```

⑯ 
```
    4
+   8
―――
```

⑰ 
```
    9
+   8
―――
```

⑱ 
```
    8
+   7
―――
```

⑲ 
```
    7
+   4
―――
```

⑳ 
```
    9
+   2
―――
```

**7** 받아올림이 있는 (몇)+(몇)

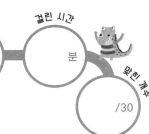

공부한 날
걸린 시간
맞힌 개수

/
분
/30

정답: p.10

더해지는 수 가르기로 덧셈을 하세요.

① 3+9 =

② 5+6 =

③ 6+6 =

④ 6+9 =

⑤ 7+7 =

⑥ 8+3 =

⑦ 8+6 =

⑧ 8+9 =

⑨ 9+4 =

⑩ 9+7 =

⑪ 4+7 =

⑫ 5+7 =

⑬ 6+7 =

⑭ 7+4 =

⑮ 7+8 =

⑯ 8+4 =

⑰ 8+7 =

⑱ 9+2 =

⑲ 9+5 =

⑳ 9+8 =

㉑ 4+9 =

㉒ 5+8 =

㉓ 6+8 =

㉔ 7+6 =

㉕ 7+9 =

㉖ 8+5 =

㉗ 8+8 =

㉘ 9+3 =

㉙ 9+6 =

㉚ 9+9 =

8 받아올림이 있는 (몇)+(몇)

공부한 날
/

걸린 시간
분

맞힌 개수
/20

정답: p.10

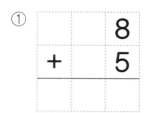 덧셈을 하세요.

① 
```
    8
+   5
```

⑥ 
```
    4
+   7
```

⑪ 
```
    8
+   9
```

⑯ 
```
    6
+   8
```

② 
```
    9
+   2
```

⑦ 
```
    8
+   3
```

⑫ 
```
    9
+   6
```

⑰ 
```
    5
+   7
```

③ 
```
    6
+   7
```

⑧ 
```
    9
+   3
```

⑬ 
```
    4
+   9
```

⑱ 
```
    9
+   9
```

④ 
```
    8
+   4
```

⑨ 
```
    5
+   6
```

⑭ 
```
    8
+   7
```

⑲ 
```
    7
+   9
```

⑤ 
```
    3
+   9
```

⑩ 
```
    7
+   7
```

⑮ 
```
    5
+   9
```

⑳ 
```
    6
+   6
```

# 8 받아내림이 있는 (십몇)−(몇)

## ✏️ 빼는 수 가르기

빼지는 수가 10이 되도록 빼는 수를 가르기하여 계산해요.

**빼는 수 가르기**

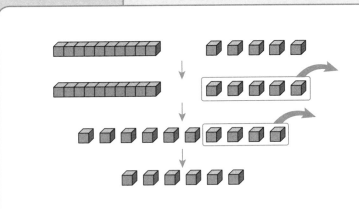

$$15-9=6$$

빼는 수

15 − 5 − 4

10 − 4

## ✏️ 빼지는 수 가르기

빼지는 수를 10과 몇으로 가르기하여 계산해요.

**빼지는 수 가르기**

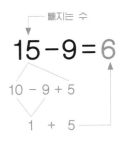

$$15-9=6$$

빼지는 수

10 − 9 + 5

1 + 5

**학습 포인트**

하나. 받아내림이 있는 (십몇)−(몇)을 공부합니다.

둘. 1권에서 배운 수 가르기를 적용하여 받아내림이 있는 뺄셈을 연습할 수 있도록 합니다.

셋. 덧셈보다 뺄셈에서 어려움을 느낄 수 있으므로 여러 번 반복하여 뺄셈에서도 자신감을 가질 수 있게 지도합니다.

# 1 받아내림이 있는 (십몇)-(몇)

공부한 날
/

걸린 시간
분

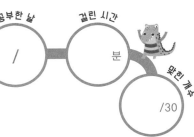

맞힌 개수
/30

정답: p.11

빼는 수 가르기로 뺄셈을 하세요.

① 11-2 =

11 - 1 - 1
10 - 1

② 11-3 =

③ 11-4 =

④ 11-5 =

⑤ 11-6 =

⑥ 11-7 =

⑦ 11-8 =

⑧ 11-9 =

⑨ 12-3 =

⑩ 12-4 =

⑪ 12-5 =

12 - 2 - 3
10 - 3

⑫ 12-6 =

⑬ 12-8 =

⑭ 12-9 =

⑮ 13-4 =

⑯ 13-5 =

⑰ 13-6 =

⑱ 13-7 =

⑲ 13-8 =

⑳ 13-9 =

㉑ 14-6 =

14 - 4 - 2
10 - 2

㉒ 14-7 =

㉓ 14-9 =

㉔ 15-6 =

㉕ 15-7 =

㉖ 15-8 =

㉗ 16-8 =

㉘ 16-9 =

㉙ 17-8 =

㉚ 18-9 =

## 2 받아내림이 있는 (십몇)−(몇)

공부한 날
/

걸린 시간
분

맞힌 개수
/20

정답: p.11

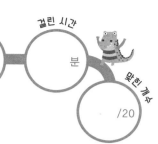

🦛 뺄셈을 하세요.

① 
```
  0 10
  1̸ 2
−   6
```

⑥ 
```
  0 10
  1̸ 7
−   9
```

⑪ 
```
  0 10
  1̸ 4
−   8
```

⑯ 
```
  0 10
  1̸ 1
−   6
```

② 
```
  1 1
−   3
```

⑦ 
```
  1 5
−   9
```

⑫ 
```
  1 6
−   8
```

⑰ 
```
  1 2
−   5
```

③ 
```
  1 4
−   9
```

⑧ 
```
  1 3
−   7
```

⑬ 
```
  1 4
−   7
```

⑱ 
```
  1 1
−   2
```

④ 
```
  1 6
−   7
```

⑨ 
```
  1 2
−   4
```

⑭ 
```
  1 3
−   8
```

⑲ 
```
  1 6
−   9
```

⑤ 
```
  1 1
−   4
```

⑩ 
```
  1 8
−   9
```

⑮ 
```
  1 4
−   5
```

⑳ 
```
  1 2
−   7
```

# 받아내림이 있는 (십몇)-(몇)

정답: p.11

🦛 빼지는 수 가르기로 뺄셈을 하세요.

① $11-2=$
$1 + 10 - 2$
$1 + 8$

② $11-3=$

③ $11-4=$

④ $11-5=$

⑤ $11-6=$

⑥ $11-7=$

⑦ $11-8=$

⑧ $11-9=$

⑨ $12-3=$

⑩ $12-4=$

⑪ $12-5=$
$2 + 10 - 5$
$2 + 5$

⑫ $12-6=$

⑬ $12-7=$

⑭ $12-8=$

⑮ $12-9=$

⑯ $13-4=$

⑰ $13-5=$

⑱ $13-6=$

⑲ $13-7=$

⑳ $13-9=$

㉑ $14-5=$
$4 + 10 - 5$
$4 + 5$

㉒ $14-6=$

㉓ $14-8=$

㉔ $15-6=$

㉕ $15-7=$

㉖ $15-8=$

㉗ $15-9=$

㉘ $16-7=$

㉙ $17-8=$

㉚ $17-9=$

# 4 받아내림이 있는 (십몇)−(몇)

🦛 뺄셈을 하세요.

① 
```
    0 10
    1̸ 2
  −   8
```

⑥ 
```
    0 10
    1̸ 4
  −   9
```

⑪ 
```
    0 10
    1̸ 5
  −   8
```

⑯ 
```
    0 10
    1̸ 1
  −   6
```

② 
```
    1 1
  −   3
```

⑦ 
```
    1 3
  −   7
```

⑫ 
```
    1 8
  −   9
```

⑰ 
```
    1 4
  −   5
```

③ 
```
    1 4
  −   7
```

⑧ 
```
    1 2
  −   6
```

⑬ 
```
    1 6
  −   8
```

⑱ 
```
    1 1
  −   9
```

④ 
```
    1 3
  −   5
```

⑨ 
```
    1 6
  −   9
```

⑭ 
```
    1 1
  −   2
```

⑲ 
```
    1 5
  −   7
```

⑤ 
```
    1 1
  −   7
```

⑩ 
```
    1 3
  −   8
```

⑮ 
```
    1 2
  −   9
```

⑳ 
```
    1 7
  −   8
```

**5** 받아내림이 있는 (십몇)-(몇)

공부한 날

/

걸린 시간

분

맞힌 개수

/30

정답: p.11

🦛 빼는 수 가르기로 뺄셈을 하세요.

① $11-4=$

② $11-8=$

③ $12-5=$

④ $12-8=$

⑤ $13-5=$

⑥ $13-9=$

⑦ $14-8=$

⑧ $15-7=$

⑨ $16-7=$

⑩ $17-8=$

⑪ $11-5=$

⑫ $12-3=$

⑬ $12-6=$

⑭ $12-9=$

⑮ $13-6=$

⑯ $14-6=$

⑰ $14-9=$

⑱ $15-8=$

⑲ $16-8=$

⑳ $17-9=$

㉑ $11-7=$

㉒ $12-4=$

㉓ $12-7=$

㉔ $13-4=$

㉕ $13-8=$

㉖ $14-7=$

㉗ $15-6=$

㉘ $15-9=$

㉙ $16-9=$

㉚ $18-9=$

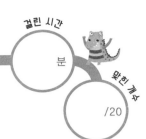

🐸 뺄셈을 하세요.

① 
```
  1 6
-   9
```

⑥ 
```
  1 1
-   6
```

⑪ 
```
  1 2
-   4
```

⑯ 
```
  1 5
-   7
```

② 
```
  1 1
-   4
```

⑦ 
```
  1 4
-   8
```

⑫ 
```
  1 3
-   7
```

⑰ 
```
  1 4
-   5
```

③ 
```
  1 5
-   6
```

⑧ 
```
  1 2
-   7
```

⑬ 
```
  1 6
-   8
```

⑱ 
```
  1 5
-   9
```

④ 
```
  1 7
-   9
```

⑨ 
```
  1 3
-   6
```

⑭ 
```
  1 2
-   3
```

⑲ 
```
  1 1
-   5
```

⑤ 
```
  1 6
-   7
```

⑩ 
```
  1 1
-   8
```

⑮ 
```
  1 3
-   9
```

⑳ 
```
  1 4
-   6
```

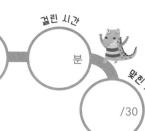

🦫 빼지는 수 가르기로 뺄셈을 하세요.

① 11-2 =

② 11-7 =

③ 12-3 =

④ 12-7 =

⑤ 13-4 =

⑥ 13-7 =

⑦ 14-5 =

⑧ 14-8 =

⑨ 15-8 =

⑩ 16-9 =

⑪ 11-3 =

⑫ 11-8 =

⑬ 12-5 =

⑭ 12-8 =

⑮ 13-5 =

⑯ 13-8 =

⑰ 14-6 =

⑱ 14-9 =

⑲ 15-9 =

⑳ 17-9 =

㉑ 11-6 =

㉒ 11-9 =

㉓ 12-6 =

㉔ 12-9 =

㉕ 13-6 =

㉖ 13-9 =

㉗ 14-7 =

㉘ 15-7 =

㉙ 16-7 =

㉚ 18-9 =

🐸 뺄셈을 하세요.

① 
```
   1 2
 −   4
```

② 
```
   1 1
 −   5
```

③ 
```
   1 5
 −   7
```

④ 
```
   1 3
 −   5
```

⑤ 
```
   1 1
 −   8
```

⑥ 
```
   1 6
 −   7
```

⑦ 
```
   1 8
 −   9
```

⑧ 
```
   1 2
 −   6
```

⑨ 
```
   1 4
 −   7
```

⑩ 
```
   1 7
 −   8
```

⑪ 
```
   1 3
 −   8
```

⑫ 
```
   1 4
 −   6
```

⑬ 
```
   1 5
 −   8
```

⑭ 
```
   1 1
 −   4
```

⑮ 
```
   1 2
 −   9
```

⑯ 
```
   1 4
 −   9
```

⑰ 
```
   1 1
 −   7
```

⑱ 
```
   1 3
 −   4
```

⑲ 
```
   1 3
 −   9
```

⑳ 
```
   1 5
 −   6
```

# 실력 체크

## 최종 점검

# 5-A (몇십몇)±(몇십몇)

| 공부한 날 | 월 | 일 |
|---|---|---|
| 걸린 시간 | 분 | 초 |
| 맞힌 개수 | | /24 |

정답: p.12

 계산을 하세요.

① 
```
  4 1
+ 3 6
```

② 
```
  1 3
+ 4 1
```

③ 
```
  5 1
+ 4 8
```

④ 
```
  6 0
+ 2 7
```

⑤ 
```
  3 6
+ 5 2
```

⑥ 
```
  2 4
+ 4 5
```

⑦ 
```
  1 5
+ 6 3
```

⑧ 
```
  3 2
+ 2 4
```

⑨ 
```
  1 4
+ 2 4
```

⑩ 
```
  5 3
+ 1 6
```

⑪ 
```
  2 5
+ 2 3
```

⑫ 
```
  7 2
+ 1 7
```

⑬ 
```
  4 8
- 1 2
```

⑭ 
```
  5 9
- 3 4
```

⑮ 
```
  2 5
- 1 4
```

⑯ 
```
  8 9
- 4 5
```

⑰ 
```
  8 4
- 1 2
```

⑱ 
```
  7 8
- 5 4
```

⑲ 
```
  9 1
- 3 1
```

⑳ 
```
  9 7
- 8 1
```

㉑ 
```
  6 6
- 3 2
```

㉒ 
```
  3 2
- 2 0
```

㉓ 
```
  6 7
- 3 5
```

㉔ 
```
  9 9
- 6 8
```

# 5-B (몇십몇) ± (몇십몇)

| 공부한 날 | 월 | 일 |
|---|---|---|
| 걸린 시간 | 분 | 초 |
| 맞힌 개수 | | /21 |

정답: p.12

 계산을 하세요.

① 17 + 32 =

② 57 - 20 =

③ 12 + 73 =

④ 78 - 11 =

⑤ 98 - 75 =

⑥ 21 + 61 =

⑦ 24 + 35 =

⑧ 65 - 43 =

⑨ 79 - 37 =

⑩ 21 + 62 =

⑪ 93 - 53 =

⑫ 45 + 12 =

⑬ 36 - 15 =

⑭ 54 + 32 =

⑮ 12 + 16 =

⑯ 35 + 34 =

⑰ 99 - 23 =

⑱ 87 - 32 =

⑲ 43 + 54 =

⑳ 22 + 70 =

㉑ 53 + 22 =

## 6-A 한 자리 수인 세 수의 덧셈과 뺄셈

| 공부한 날 | 월 | 일 |
|---|---|---|
| 걸린 시간 | 분 | 초 |
| 맞힌 개수 | | /21 |

정답: p.12

 계산을 하세요.

① 1+3+5=

② 6-3+2=

③ 3+3+2=

④ 2+5-3=

⑤ 8-2-5=

⑥ 7-5+2=

⑦ 6+1+2=

⑧ 5-2+3=

⑨ 7-2-3=

⑩ 4-1+2=

⑪ 6+2-6=

⑫ 2+2+4=

⑬ 3+6-4=

⑭ 4-3+6=

⑮ 8-1-4=

⑯ 4+5-3=

⑰ 8-3+4=

⑱ 2+7-9=

⑲ 9-4-3=

⑳ 4+3+2=

㉑ 9-2-1=

# 6-B 한 자리 수인 세 수의 덧셈과 뺄셈

| 공부한 날 | 월 | 일 |
|---|---|---|
| 걸린 시간 | 분 | 초 |
| 맞힌 개수 | | /6 |

정답: p.12

 □ 안에 알맞은 수를 써넣으세요.

① $8 - 4 - 2 = \square$

④ $5 - 3 + 5 = \square$

② $6 + 1 - 7 = \square$

⑤ $2 + 5 - 6 = \square$

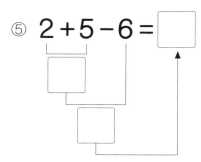

③ $5 + 2 + 2 = \square$

⑥ $3 - 1 + 4 = \square$

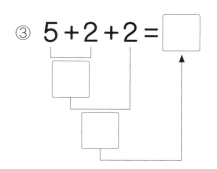

실력 체크

**7-A** 받아올림이 있는 (몇)+(몇)

공부한 날     월     일

걸린 시간     분     초

맞힌 개수     /30

정답: p.13

여러 가지 방법으로 덧셈을 하세요.

① 4+8=

② 7+9=

③ 3+8=

④ 6+7=

⑤ 5+6=

⑥ 9+9=

⑦ 7+5=

⑧ 9+5=

⑨ 8+9=

⑩ 8+8=

⑪ 2+9=

⑫ 4+7=

⑬ 6+9=

⑭ 8+6=

⑮ 7+8=

⑯ 7+6=

⑰ 9+3=

⑱ 5+8=

⑲ 8+7=

⑳ 5+9=

㉑ 9+7=

㉒ 9+8=

㉓ 4+9=

㉔ 6+5=

㉕ 6+8=

㉖ 7+4=

㉗ 6+6=

㉘ 9+4=

㉙ 8+3=

㉚ 8+4=

정답: p.13

빈 곳에 알맞은 수를 써넣으세요.

| + | 6 | 7 | 5 | 8 | 9 |
|---|---|---|---|---|---|
| 8 | | | | | |
| 6 | | | | | |
| 5 | | | | | |
| 9 | | | | | |
| 7 | | | | | |

9+8

# 8-A 받아내림이 있는 (십몇)−(몇)

| 공부한 날 | 월 | 일 |
|---|---|---|
| 걸린 시간 | 분 | 초 |
| 맞힌 개수 | | /30 |

정답: p.13

 여러 가지 방법으로 뺄셈을 하세요.

① 15−7=

② 14−9=

③ 11−3=

④ 15−9=

⑤ 12−5=

⑥ 13−7=

⑦ 11−9=

⑧ 14−7=

⑨ 17−9=

⑩ 15−8=

⑪ 11−6=

⑫ 13−5=

⑬ 12−7=

⑭ 17−8=

⑮ 12−9=

⑯ 15−6=

⑰ 12−8=

⑱ 11−4=

⑲ 12−3=

⑳ 11−8=

㉑ 14−6=

㉒ 11−5=

㉓ 16−8=

㉔ 13−6=

㉕ 16−7=

㉖ 14−8=

㉗ 16−9=

㉘ 14−5=

㉙ 13−8=

㉚ 11−2=

# 8-B  받아내림이 있는 (십몇) - (몇)

| 공부한 날 | 월 | 일 |
| --- | --- | --- |
| 걸린 시간 | 분 | 초 |
| 맞힌 개수 | | /25 |

정답: p.13

 빈 곳에 알맞은 수를 써넣으세요.

| - | 13 | 11 | 14 | 12 | 15 |
| --- | --- | --- | --- | --- | --- |
| 6 | | | | | 15-6 |
| 9 | | | | | |
| 8 | | | | | |
| 7 | | | | | |
| 5 | | | | | |

# Memo

# Memo

# Memo

# 학습 구성

## 기초수학 초등 1학년

| 1권 | 자연수의 덧셈과 뺄셈 기본 | 2권 | 자연수의 덧셈과 뺄셈 초급 |
|---|---|---|---|
| 1 | 9까지의 수 가르기와 모으기 | 1 | (몇십)+(몇), (몇)+(몇십) |
| 2 | 합이 9까지인 수의 덧셈 | 2 | (몇십몇)+(몇), (몇)+(몇십몇) |
| 3 | 차가 9까지인 수의 뺄셈 | 3 | (몇십몇)−(몇) |
| 4 | 덧셈과 뺄셈의 관계 | 4 | (몇십)±(몇십) |
| 5 | 두 수를 바꾸어 더하기 | 5 | (몇십몇)±(몇십몇) |
| 6 | 10 가르기와 모으기 | 6 | 한 자리 수인 세 수의 덧셈과 뺄셈 |
| 7 | 10이 되는 덧셈, 10에서 빼는 뺄셈 | 7 | 받아올림이 있는 (몇)+(몇) |
| 8 | 두 수의 합이 10인 세 수의 덧셈 | 8 | 받아내림이 있는 (십몇)−(몇) |

## 기초수학 초등 2학년

| 3권 | 자연수의 덧셈과 뺄셈 중급 | 4권 | 곱셈구구 |
|---|---|---|---|
| 1 | 받아올림이 있는 (두 자리 수)+(한 자리 수) | 1 | 같은 수를 여러 번 더하기 |
| 2 | 받아내림이 있는 (두 자리 수)−(한 자리 수) | 2 | 2의 단, 5의 단, 4의 단 곱셈구구 |
| 3 | 받아올림이 한 번 있는 (두 자리 수)+(두 자리 수) | 3 | 2의 단, 3의 단, 6의 단 곱셈구구 |
| 4 | 받아올림이 두 번 있는 (두 자리 수)+(두 자리 수) | 4 | 3의 단, 6의 단, 4의 단 곱셈구구 |
| 5 | 받아내림이 있는 (두 자리 수)−(두 자리 수) | 5 | 4의 단, 8의 단, 6의 단 곱셈구구 |
| 6 | (두 자리 수)±(두 자리 수) | 6 | 5의 단, 7의 단, 9의 단 곱셈구구 |
| 7 | (세 자리 수)±(두 자리 수) | 7 | 7의 단, 8의 단, 9의 단 곱셈구구 |
| 8 | 두 자리 수인 세 수의 덧셈과 뺄셈 | 8 | 곱셈구구 |

## 기초수학 초등 3학년

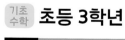

| 5권 | 자연수의 덧셈과 뺄셈 고급 / 자연수의 곱셈과 나눗셈 초급 | 6권 | 자연수의 곱셈과 나눗셈 중급 |
|---|---|---|---|
| 1 | 받아올림이 없거나 한 번 있는 (세 자리 수)+(세 자리 수) | 1 | (세 자리 수)×(한 자리 수) |
| 2 | 연속으로 받아올림이 있는 (세 자리 수)+(세 자리 수) | 2 | (몇십)×(몇십), (몇십)×(몇십몇) |
| 3 | 받아내림이 없거나 한 번 있는 (세 자리 수)−(세 자리 수) | 3 | (몇십몇)×(몇십), (몇십몇)×(몇십몇) |
| 4 | 연속으로 받아내림이 있는 (세 자리 수)−(세 자리 수) | 4 | 내림이 없는 (몇십몇)÷(몇) |
| 5 | 곱셈과 나눗셈의 관계 | 5 | 내림이 있는 (몇십몇)÷(몇) |
| 6 | 곱셈구구를 이용하거나 세로로 나눗셈의 몫 구하기 | 6 | 나누어떨어지지 않는 (몇십몇)÷(몇) |
| 7 | 올림이 없는 (두 자리 수)×(한 자리 수) | 7 | 나누어떨어지는 (세 자리 수)÷(한 자리 수) |
| 8 | 일의 자리에서 올림이 있는 (두 자리 수)×(한 자리 수) | 8 | 나누어떨어지지 않는 (세 자리 수)÷(한 자리 수) |

계산력 + 두뇌회전
UP!

한 권으로
계산
끝
정답

2

초등수학
1학년 과정

MATH

넥서스에듀

계산력 + 두뇌회전 UP!

한 권으로

계산 끝

정답

2

초등수학 1학년 과정

넥서스에듀

# (몇십)+(몇), (몇)+(몇십)

## ② (몇십몇)+(몇), (몇)+(몇십몇)

### 1
p.24

| | | | |
|---|---|---|---|
| ① 14 | ⑥ 49 | ⑪ 44 | ⑯ 26 |
| ② 26 | ⑦ 56 | ⑫ 37 | ⑰ 29 |
| ③ 39 | ⑧ 58 | ⑬ 29 | ⑱ 38 |
| ④ 36 | ⑨ 65 | ⑭ 69 | ⑲ 47 |
| ⑤ 49 | ⑩ 68 | ⑮ 17 | ⑳ 58 |

### 2
p.25

| | | | |
|---|---|---|---|
| ① 17 | ⑨ 47 | ⑰ 68 | ㉕ 37 |
| ② 39 | ⑩ 68 | ⑱ 39 | ㉖ 19 |
| ③ 19 | ⑪ 18 | ⑲ 67 | ㉗ 46 |
| ④ 48 | ⑫ 64 | ⑳ 27 | ㉘ 57 |
| ⑤ 28 | ⑬ 58 | ㉑ 59 | ㉙ 29 |
| ⑥ 15 | ⑭ 27 | ㉒ 45 | ㉚ 35 |
| ⑦ 39 | ⑮ 69 | ㉓ 57 | |
| ⑧ 64 | ⑯ 17 | ㉔ 45 | |

### 3
p.26

| | | | |
|---|---|---|---|
| ① 23 | ⑥ 49 | ⑪ 37 | ⑯ 87 |
| ② 29 | ⑦ 56 | ⑫ 46 | ⑰ 18 |
| ③ 38 | ⑧ 58 | ⑬ 28 | ⑱ 56 |
| ④ 38 | ⑨ 69 | ⑭ 57 | ⑲ 79 |
| ⑤ 48 | ⑩ 78 | ⑮ 79 | ⑳ 68 |

### 4
p.27

| | | | |
|---|---|---|---|
| ① 67 | ⑨ 77 | ⑰ 88 | ㉕ 79 |
| ② 24 | ⑩ 38 | ⑱ 39 | ㉖ 69 |
| ③ 37 | ⑪ 68 | ⑲ 36 | ㉗ 48 |
| ④ 48 | ⑫ 65 | ⑳ 28 | ㉘ 89 |
| ⑤ 26 | ⑬ 18 | ㉑ 58 | ㉙ 78 |
| ⑥ 69 | ⑭ 29 | ㉒ 29 | ㉚ 76 |
| ⑦ 78 | ⑮ 65 | ㉓ 58 | |
| ⑧ 69 | ⑯ 46 | ㉔ 75 | |

### 5
p.28

| | | | |
|---|---|---|---|
| ① 39 | ⑥ 67 | ⑪ 88 | ⑯ 58 |
| ② 38 | ⑦ 78 | ⑫ 95 | ⑰ 77 |
| ③ 45 | ⑧ 86 | ⑬ 78 | ⑱ 68 |
| ④ 57 | ⑨ 87 | ⑭ 87 | ⑲ 89 |
| ⑤ 64 | ⑩ 88 | ⑮ 46 | ⑳ 98 |

### 6
p.29

| | | | |
|---|---|---|---|
| ① 66 | ⑨ 78 | ⑰ 78 | ㉕ 87 |
| ② 68 | ⑩ 97 | ⑱ 49 | ㉖ 58 |
| ③ 57 | ⑪ 84 | ⑲ 88 | ㉗ 55 |
| ④ 48 | ⑫ 75 | ⑳ 67 | ㉘ 67 |
| ⑤ 98 | ⑬ 95 | ㉑ 79 | ㉙ 69 |
| ⑥ 49 | ⑭ 86 | ㉒ 46 | ㉚ 97 |
| ⑦ 78 | ⑮ 98 | ㉓ 89 | |
| ⑧ 99 | ⑯ 45 | ㉔ 99 | |

### 7
p.30

| | | | |
|---|---|---|---|
| ① 46 | ⑥ 77 | ⑪ 37 | ⑯ 88 |
| ② 47 | ⑦ 85 | ⑫ 75 | ⑰ 68 |
| ③ 58 | ⑧ 87 | ⑬ 89 | ⑱ 79 |
| ④ 67 | ⑨ 96 | ⑭ 28 | ⑲ 49 |
| ⑤ 69 | ⑩ 98 | ⑮ 57 | ⑳ 99 |

### 8
p.31

| | | | |
|---|---|---|---|
| ① 68 | ⑨ 69 | ⑰ 46 | ㉕ 39 |
| ② 37 | ⑩ 98 | ⑱ 55 | ㉖ 35 |
| ③ 65 | ⑪ 88 | ⑲ 66 | ㉗ 38 |
| ④ 28 | ⑫ 47 | ⑳ 97 | ㉘ 77 |
| ⑤ 39 | ⑬ 95 | ㉑ 29 | ㉙ 57 |
| ⑥ 77 | ⑭ 97 | ㉒ 75 | ㉚ 78 |
| ⑦ 77 | ⑮ 57 | ㉓ 57 | |
| ⑧ 69 | ⑯ 49 | ㉔ 27 | |

# ③ (몇십몇)-(몇)

## 1 p.33

| | | | |
|---|---|---|---|
| ① 14 | ⑥ 21 | ⑪ 31 | ⑯ 52 |
| ② 13 | ⑦ 23 | ⑫ 41 | ⑰ 55 |
| ③ 15 | ⑧ 31 | ⑬ 42 | ⑱ 54 |
| ④ 13 | ⑨ 33 | ⑭ 41 | ⑲ 67 |
| ⑤ 22 | ⑩ 32 | ⑮ 45 | ⑳ 62 |

## 2 p.34

| | | | |
|---|---|---|---|
| ① 11 | ⑨ 31 | ⑰ 17 | ㉕ 24 |
| ② 21 | ⑩ 21 | ⑱ 63 | ㉖ 53 |
| ③ 11 | ⑪ 25 | ⑲ 42 | ㉗ 14 |
| ④ 65 | ⑫ 42 | ⑳ 34 | ㉘ 32 |
| ⑤ 12 | ⑬ 38 | ㉑ 42 | ㉙ 55 |
| ⑥ 13 | ⑭ 51 | ㉒ 66 | ㉚ 24 |
| ⑦ 35 | ⑮ 61 | ㉓ 52 | |
| ⑧ 26 | ⑯ 31 | ㉔ 45 | |

## 3 p.35

| | | | |
|---|---|---|---|
| ① 21 | ⑥ 35 | ⑪ 41 | ⑯ 65 |
| ② 24 | ⑦ 34 | ⑫ 51 | ⑰ 63 |
| ③ 22 | ⑧ 42 | ⑬ 52 | ⑱ 73 |
| ④ 31 | ⑨ 41 | ⑭ 53 | ⑲ 74 |
| ⑤ 32 | ⑩ 43 | ⑮ 62 | ⑳ 73 |

## 4 p.36

| | | | |
|---|---|---|---|
| ① 33 | ⑨ 21 | ⑰ 74 | ㉕ 81 |
| ② 61 | ⑩ 36 | ⑱ 52 | ㉖ 35 |
| ③ 23 | ⑪ 51 | ⑲ 62 | ㉗ 62 |
| ④ 81 | ⑫ 91 | ⑳ 45 | ㉘ 92 |
| ⑤ 25 | ⑬ 92 | ㉑ 64 | ㉙ 73 |
| ⑥ 22 | ⑭ 41 | ㉒ 77 | ㉚ 52 |
| ⑦ 25 | ⑮ 21 | ㉓ 85 | |
| ⑧ 42 | ⑯ 61 | ㉔ 31 | |

## 5 p.37

| | | | |
|---|---|---|---|
| ① 32 | ⑥ 45 | ⑪ 63 | ⑯ 72 |
| ② 33 | ⑦ 44 | ⑫ 63 | ⑰ 73 |
| ③ 33 | ⑧ 51 | ⑬ 62 | ⑱ 81 |
| ④ 42 | ⑨ 51 | ⑭ 72 | ⑲ 81 |
| ⑤ 41 | ⑩ 55 | ⑮ 73 | ⑳ 88 |

## 6 p.38

| | | | |
|---|---|---|---|
| ① 64 | ⑨ 42 | ⑰ 82 | ㉕ 93 |
| ② 42 | ⑩ 32 | ⑱ 32 | ㉖ 36 |
| ③ 74 | ⑪ 23 | ⑲ 23 | ㉗ 42 |
| ④ 93 | ⑫ 61 | ⑳ 41 | ㉘ 74 |
| ⑤ 51 | ⑬ 73 | ㉑ 53 | ㉙ 23 |
| ⑥ 26 | ⑭ 52 | ㉒ 83 | ㉚ 54 |
| ⑦ 12 | ⑮ 36 | ㉓ 66 | |
| ⑧ 82 | ⑯ 91 | ㉔ 72 | |

## 7 p.39

| | | | |
|---|---|---|---|
| ① 41 | ⑥ 61 | ⑪ 74 | ⑯ 82 |
| ② 48 | ⑦ 62 | ⑫ 77 | ⑰ 91 |
| ③ 51 | ⑧ 65 | ⑬ 82 | ⑱ 94 |
| ④ 52 | ⑨ 72 | ⑭ 81 | ⑲ 92 |
| ⑤ 55 | ⑩ 71 | ⑮ 84 | ⑳ 96 |

## 8 p.40

| | | | |
|---|---|---|---|
| ① 76 | ⑨ 52 | ⑰ 54 | ㉕ 52 |
| ② 91 | ⑩ 86 | ⑱ 73 | ㉖ 82 |
| ③ 95 | ⑪ 42 | ⑲ 91 | ㉗ 64 |
| ④ 94 | ⑫ 58 | ⑳ 63 | ㉘ 84 |
| ⑤ 42 | ⑬ 72 | ㉑ 71 | ㉙ 91 |
| ⑥ 95 | ⑭ 73 | ㉒ 74 | ㉚ 61 |
| ⑦ 83 | ⑮ 85 | ㉓ 41 | |
| ⑧ 45 | ⑯ 62 | ㉔ 82 | |

# ④ (몇십)±(몇십)

**1**                      p.42

| | | | |
|---|---|---|---|
| ① 20 | ⑦ 60 | ⑬ 10 | ⑲ 50 |
| ② 50 | ⑧ 70 | ⑭ 10 | ⑳ 40 |
| ③ 70 | ⑨ 60 | ⑮ 30 | ㉑ 20 |
| ④ 50 | ⑩ 90 | ⑯ 10 | ㉒ 40 |
| ⑤ 80 | ⑪ 60 | ⑰ 30 | ㉓ 30 |
| ⑥ 40 | ⑫ 90 | ⑱ 20 | ㉔ 30 |

**2**                      p.43

| | | | |
|---|---|---|---|
| ① 30 | ⑨ 40 | ⑰ 70 | ㉕ 90 |
| ② 20 | ⑩ 40 | ⑱ 10 | ㉖ 10 |
| ③ 70 | ⑪ 30 | ⑲ 70 | ㉗ 50 |
| ④ 20 | ⑫ 50 | ⑳ 80 | ㉘ 20 |
| ⑤ 50 | ⑬ 80 | ㉑ 80 | ㉙ 80 |
| ⑥ 10 | ⑭ 40 | ㉒ 30 | ㉚ 20 |
| ⑦ 70 | ⑮ 90 | ㉓ 70 | |
| ⑧ 50 | ⑯ 90 | ㉔ 40 | |

**3**                      p.44

| | | | |
|---|---|---|---|
| ① 30 | ⑦ 90 | ⑬ 10 | ⑲ 40 |
| ② 40 | ⑧ 70 | ⑭ 10 | ⑳ 20 |
| ③ 60 | ⑨ 50 | ⑮ 30 | ㉑ 60 |
| ④ 90 | ⑩ 70 | ⑯ 50 | ㉒ 10 |
| ⑤ 60 | ⑪ 80 | ⑰ 20 | ㉓ 50 |
| ⑥ 80 | ⑫ 80 | ⑱ 60 | ㉔ 30 |

**4**                      p.45

| | | | |
|---|---|---|---|
| ① 40 | ⑨ 80 | ⑰ 90 | ㉕ 60 |
| ② 10 | ⑩ 90 | ⑱ 10 | ㉖ 50 |
| ③ 30 | ⑪ 20 | ⑲ 70 | ㉗ 90 |
| ④ 80 | ⑫ 80 | ⑳ 90 | ㉘ 80 |
| ⑤ 30 | ⑬ 20 | ㉑ 60 | ㉙ 50 |
| ⑥ 30 | ⑭ 40 | ㉒ 20 | ㉚ 10 |
| ⑦ 60 | ⑮ 30 | ㉓ 70 | |
| ⑧ 20 | ⑯ 70 | ㉔ 50 | |

**5**                      p.46

| | | | |
|---|---|---|---|
| ① 40 | ⑦ 70 | ⑬ 30 | ⑲ 40 |
| ② 60 | ⑧ 90 | ⑭ 50 | ⑳ 90 |
| ③ 60 | ⑨ 90 | ⑮ 80 | ㉑ 90 |
| ④ 10 | ⑩ 10 | ⑯ 40 | ㉒ 20 |
| ⑤ 40 | ⑪ 10 | ⑰ 30 | ㉓ 0 |
| ⑥ 60 | ⑫ 20 | ⑱ 50 | ㉔ 10 |

**6**                      p.47

| | | | |
|---|---|---|---|
| ① 50 | ⑨ 90 | ⑰ 80 | ㉕ 20 |
| ② 70 | ⑩ 50 | ⑱ 80 | ㉖ 80 |
| ③ 90 | ⑪ 40 | ⑲ 10 | ㉗ 50 |
| ④ 30 | ⑫ 20 | ⑳ 60 | ㉘ 10 |
| ⑤ 70 | ⑬ 40 | ㉑ 70 | ㉙ 0 |
| ⑥ 90 | ⑭ 90 | ㉒ 40 | ㉚ 70 |
| ⑦ 60 | ⑮ 30 | ㉓ 30 | |
| ⑧ 50 | ⑯ 10 | ㉔ 60 | |

**7**                      p.48

| | | | |
|---|---|---|---|
| ① 70 | ⑦ 40 | ⑬ 80 | ⑲ 90 |
| ② 70 | ⑧ 80 | ⑭ 90 | ⑳ 60 |
| ③ 70 | ⑨ 90 | ⑮ 80 | ㉑ 90 |
| ④ 0 | ⑩ 20 | ⑯ 10 | ㉒ 40 |
| ⑤ 50 | ⑪ 30 | ⑰ 10 | ㉓ 50 |
| ⑥ 20 | ⑫ 80 | ⑱ 40 | ㉔ 10 |

**8**                      p.49

| | | | |
|---|---|---|---|
| ① 70 | ⑨ 10 | ⑰ 30 | ㉕ 20 |
| ② 40 | ⑩ 70 | ⑱ 90 | ㉖ 0 |
| ③ 50 | ⑪ 50 | ⑲ 10 | ㉗ 20 |
| ④ 40 | ⑫ 90 | ⑳ 80 | ㉘ 80 |
| ⑤ 60 | ⑬ 10 | ㉑ 60 | ㉙ 40 |
| ⑥ 70 | ⑭ 60 | ㉒ 60 | ㉚ 90 |
| ⑦ 20 | ⑮ 30 | ㉓ 40 | |
| ⑧ 80 | ⑯ 80 | ㉔ 90 | |

**1-A** p.52

① 51 ⑥ 96 ⑪ 84 ⑯ 41

② 27 ⑦ 82 ⑫ 68 ⑰ 75

③ 78 ⑧ 63 ⑬ 98 ⑱ 52

④ 13 ⑨ 49 ⑭ 79 ⑲ 16

⑤ 75 ⑩ 38 ⑮ 34 ⑳ 29

**1-B** p.53

① 81 ⑧ 17 ⑮ 72

② 40 ⑨ 93 ⑯ 68

③ 35 ⑩ 22 ⑰ 74

④ 37 ⑪ 86 ⑱ 95

⑤ 76 ⑫ 28 ⑲ 56

⑥ 19 ⑬ 87 ⑳ 58

⑦ 63 ⑭ 44 ㉑ 99

**2-A** p.54

① 66 ⑥ 48 ⑪ 48 ⑯ 55

② 76 ⑦ 18 ⑫ 57 ⑰ 97

③ 87 ⑧ 36 ⑬ 79 ⑱ 65

④ 29 ⑨ 69 ⑭ 29 ⑲ 77

⑤ 38 ⑩ 79 ⑮ 39 ⑳ 48

**2-B** p.55

① 49 ⑧ 25 ⑮ 58

② 68 ⑨ 78 ⑯ 19

③ 87 ⑩ 76 ⑰ 77

④ 48 ⑪ 48 ⑱ 97

⑤ 86 ⑫ 68 ⑲ 86

⑥ 69 ⑬ 28 ⑳ 58

⑦ 97 ⑭ 57 ㉑ 29

## 3-A
p.56

① 44   ⑥ 93   ⑪ 65   ⑯ 31

② 55   ⑦ 64   ⑫ 94   ⑰ 51

③ 75   ⑧ 84   ⑬ 75   ⑱ 13

④ 28   ⑨ 15   ⑭ 82   ⑲ 23

⑤ 32   ⑩ 41   ⑮ 43   ⑳ 72

## 3-B
p.57

① 93   ⑧ 53   ⑮ 25

② 43   ⑨ 85   ⑯ 66

③ 61   ⑩ 74   ⑰ 62

④ 72   ⑪ 91   ⑱ 53

⑤ 53   ⑫ 71   ⑲ 71

⑥ 63   ⑬ 25   ⑳ 83

⑦ 94   ⑭ 83   ㉑ 16

## 4-A
p.58

① 50   ⑦ 90   ⑬ 40   ⑲ 50

② 80   ⑧ 80   ⑭ 30   ⑳ 40

③ 70   ⑨ 60   ⑮ 20   ㉑ 10

④ 90   ⑩ 50   ⑯ 10   ㉒ 30

⑤ 70   ⑪ 80   ⑰ 20   ㉓ 60

⑥ 20   ⑫ 90   ⑱ 60   ㉔ 10

## 4-B
p.59

① 40   ⑧ 80   ⑮ 20

② 60   ⑨ 80   ⑯ 80

③ 80   ⑩ 20   ⑰ 90

④ 40   ⑪ 50   ⑱ 10

⑤ 90   ⑫ 50   ⑲ 70

⑥ 80   ⑬ 40   ⑳ 90

⑦ 70   ⑭ 20   ㉑ 0

# 5 (몇십몇)±(몇십몇)

## 1    p.61

| | | | |
|---|---|---|---|
| ① 25 | ⑦ 98 | ⑬ 12 | ⑲ 23 |
| ② 77 | ⑧ 79 | ⑭ 22 | ⑳ 43 |
| ③ 46 | ⑨ 52 | ⑮ 10 | ㉑ 23 |
| ④ 63 | ⑩ 78 | ⑯ 25 | ㉒ 44 |
| ⑤ 75 | ⑪ 79 | ⑰ 42 | ㉓ 11 |
| ⑥ 53 | ⑫ 95 | ⑱ 35 | ㉔ 32 |

## 2    p.62

| | | | |
|---|---|---|---|
| ① 27 | ⑨ 88 | ⑰ 78 | ㉕ 99 |
| ② 21 | ⑩ 35 | ⑱ 94 | ㉖ 14 |
| ③ 63 | ⑪ 37 | ⑲ 79 | ㉗ 85 |
| ④ 41 | ⑫ 20 | ⑳ 22 | ㉘ 43 |
| ⑤ 65 | ⑬ 69 | ㉑ 52 | ㉙ 77 |
| ⑥ 13 | ⑭ 23 | ㉒ 30 | ㉚ 51 |
| ⑦ 85 | ⑮ 48 | ㉓ 37 | |
| ⑧ 64 | ⑯ 62 | ㉔ 21 | |

## 3    p.63

| | | | |
|---|---|---|---|
| ① 52 | ⑦ 77 | ⑬ 12 | ⑲ 14 |
| ② 68 | ⑧ 55 | ⑭ 15 | ⑳ 21 |
| ③ 33 | ⑨ 64 | ⑮ 23 | ㉑ 10 |
| ④ 35 | ⑩ 89 | ⑯ 43 | ㉒ 53 |
| ⑤ 59 | ⑪ 77 | ⑰ 33 | ㉓ 38 |
| ⑥ 87 | ⑫ 99 | ⑱ 35 | ㉔ 71 |

## 4    p.64

| | | | |
|---|---|---|---|
| ① 36 | ⑨ 93 | ⑰ 87 | ㉕ 94 |
| ② 22 | ⑩ 35 | ⑱ 43 | ㉖ 35 |
| ③ 89 | ⑪ 78 | ⑲ 10 | ㉗ 49 |
| ④ 24 | ⑫ 22 | ⑳ 69 | ㉘ 62 |
| ⑤ 76 | ⑬ 58 | ㉑ 16 | ㉙ 56 |
| ⑥ 86 | ⑭ 22 | ㉒ 43 | ㉚ 31 |
| ⑦ 39 | ⑮ 66 | ㉓ 49 | |
| ⑧ 31 | ⑯ 56 | ㉔ 54 | |

## 5    p.65

| | | | |
|---|---|---|---|
| ① 49 | ⑦ 76 | ⑬ 58 | ⑲ 76 |
| ② 99 | ⑧ 39 | ⑭ 87 | ⑳ 69 |
| ③ 88 | ⑨ 64 | ⑮ 87 | ㉑ 88 |
| ④ 33 | ⑩ 21 | ⑯ 31 | ㉒ 14 |
| ⑤ 51 | ⑪ 25 | ⑰ 46 | ㉓ 42 |
| ⑥ 30 | ⑫ 32 | ⑱ 72 | ㉔ 47 |

## 6    p.66

| | | | |
|---|---|---|---|
| ① 53 | ⑨ 53 | ⑰ 21 | ㉕ 24 |
| ② 14 | ⑩ 98 | ⑱ 67 | ㉖ 78 |
| ③ 74 | ⑪ 75 | ⑲ 34 | ㉗ 25 |
| ④ 99 | ⑫ 68 | ⑳ 77 | ㉘ 14 |
| ⑤ 33 | ⑬ 41 | ㉑ 40 | ㉙ 89 |
| ⑥ 86 | ⑭ 46 | ㉒ 93 | ㉚ 81 |
| ⑦ 97 | ⑮ 66 | ㉓ 55 | |
| ⑧ 69 | ⑯ 61 | ㉔ 42 | |

## 7    p.67

| | | | |
|---|---|---|---|
| ① 75 | ⑦ 67 | ⑬ 58 | ⑲ 98 |
| ② 86 | ⑧ 78 | ⑭ 89 | ⑳ 78 |
| ③ 98 | ⑨ 87 | ⑮ 88 | ㉑ 99 |
| ④ 25 | ⑩ 12 | ⑯ 43 | ㉒ 33 |
| ⑤ 17 | ⑪ 52 | ⑰ 46 | ㉓ 70 |
| ⑥ 53 | ⑫ 31 | ⑱ 11 | ㉔ 21 |

## 8    p.68

| | | | |
|---|---|---|---|
| ① 79 | ⑨ 20 | ⑰ 16 | ㉕ 51 |
| ② 86 | ⑩ 97 | ⑱ 98 | ㉖ 78 |
| ③ 21 | ⑪ 25 | ⑲ 32 | ㉗ 73 |
| ④ 97 | ⑫ 98 | ⑳ 97 | ㉘ 49 |
| ⑤ 67 | ⑬ 44 | ㉑ 15 | ㉙ 33 |
| ⑥ 14 | ⑭ 73 | ㉒ 96 | ㉚ 79 |
| ⑦ 41 | ⑮ 51 | ㉓ 31 | |
| ⑧ 69 | ⑯ 85 | ㉔ 84 | |

# 6 한 자리 수인 세 수의 덧셈과 뺄셈

## 1 p.70

① 6 / 3, 3, 6　　⑤ 7 / 4, 4, 7　　⑨ 9 / 8, 8, 9

② 7 / 3, 3, 7　　⑥ 9 / 5, 5, 9　　⑩ 8 / 6, 6, 8

③ 8 / 6, 6, 8　　⑦ 8 / 7, 7, 8

④ 8 / 7, 7, 8　　⑧ 8 / 6, 6, 8

## 2 p.71

① 4, 6, 6　　④ 3, 9, 9　　⑦ 5, 9, 9

② 5, 9, 9　　⑤ 5, 8, 8　　⑧ 8, 9, 9

③ 5, 8, 8　　⑥ 7, 8, 8

## 3 p.72

① 1 / 3, 3, 1　　⑤ 1 / 5, 5, 1　　⑨ 2 / 7, 7, 2

② 1 / 2, 2, 1　　⑥ 2 / 3, 3, 2　　⑩ 2 / 6, 6, 2

③ 0 / 3, 3, 0　　⑦ 1 / 3, 3, 1

④ 1 / 3, 3, 1　　⑧ 1 / 2, 2, 1

## 4 p.73

① 4, 2, 2　　④ 5, 3, 3　　⑦ 4, 1, 1

② 4, 0, 0　　⑤ 6, 3, 3　　⑧ 3, 1, 1

③ 4, 3, 3　　⑥ 6, 4, 4

## 5 p.74

① 2 / 4, 4, 2　　⑤ 0 / 6, 6, 0　　⑨ 3 / 9, 9, 3

② 1 / 6, 6, 1　　⑥ 1 / 8, 8, 1　　⑩ 6 / 9, 9, 6

③ 6 / 8, 8, 6　　⑦ 4 / 9, 9, 4

④ 4 / 6, 6, 4　　⑧ 4 / 8, 8, 4

## 6 p.75

① 6, 2, 2　　④ 8, 0, 0　　⑦ 9, 6, 6

② 8, 5, 5　　⑤ 8, 3, 3　　⑧ 7, 1, 1

③ 7, 2, 2　　⑥ 9, 3, 3

## 7 p.76

① 4 / 1, 1, 4　　⑤ 6 / 2, 2, 6　　⑨ 6 / 3, 3, 6

② 6 / 1, 1, 6　　⑥ 7 / 2, 2, 7　　⑩ 8 / 3, 3, 8

③ 6 / 3, 3, 6　　⑦ 8 / 2, 2, 8

④ 5 / 3, 3, 5　　⑧ 7 / 5, 5, 7

## 8 p.77

① 5, 8, 8　　④ 4, 8, 8　　⑦ 3, 6, 6

② 3, 7, 7　　⑤ 2, 9, 9　　⑧ 1, 9, 9

③ 1, 7, 7　　⑥ 3, 8, 8

# 받아올림이 있는 (몇)+(몇)

## 1                     p.79

| | | | |
|---|---|---|---|
| ① 11 | ⑨ 12 | ⑰ 15 | ㉕ 11 |
| ② 11 | ⑩ 13 | ⑱ 16 | ㉖ 12 |
| ③ 11 | ⑪ 14 | ⑲ 11 | ㉗ 13 |
| ④ 12 | ⑫ 15 | ⑳ 12 | ㉘ 14 |
| ⑤ 11 | ⑬ 11 | ㉑ 13 | ㉙ 15 |
| ⑥ 12 | ⑭ 12 | ㉒ 15 | ㉚ 16 |
| ⑦ 13 | ⑮ 13 | ㉓ 16 | |
| ⑧ 11 | ⑯ 14 | ㉔ 17 | |

## 2                     p.80

| | | | |
|---|---|---|---|
| ① 12 | ⑥ 15 | ⑪ 14 | ⑯ 11 |
| ② 14 | ⑦ 11 | ⑫ 16 | ⑰ 12 |
| ③ 12 | ⑧ 11 | ⑬ 12 | ⑱ 14 |
| ④ 17 | ⑨ 15 | ⑭ 11 | ⑲ 12 |
| ⑤ 13 | ⑩ 11 | ⑮ 18 | ⑳ 13 |

## 3                     p.81

| | | | |
|---|---|---|---|
| ① 11 | ⑨ 11 | ⑰ 15 | ㉕ 12 |
| ② 11 | ⑩ 12 | ⑱ 12 | ㉖ 13 |
| ③ 12 | ⑪ 13 | ⑲ 13 | ㉗ 14 |
| ④ 12 | ⑫ 14 | ⑳ 14 | ㉘ 15 |
| ⑤ 13 | ⑬ 11 | ㉑ 15 | ㉙ 16 |
| ⑥ 12 | ⑭ 12 | ㉒ 16 | ㉚ 17 |
| ⑦ 13 | ⑮ 13 | ㉓ 17 | |
| ⑧ 14 | ⑯ 14 | ㉔ 11 | |

## 4                     p.82

| | | | |
|---|---|---|---|
| ① 15 | ⑥ 14 | ⑪ 11 | ⑯ 16 |
| ② 12 | ⑦ 11 | ⑫ 13 | ⑰ 13 |
| ③ 14 | ⑧ 11 | ⑬ 11 | ⑱ 16 |
| ④ 12 | ⑨ 13 | ⑭ 11 | ⑲ 12 |
| ⑤ 15 | ⑩ 11 | ⑮ 18 | ⑳ 16 |

## 5                     p.83

| | | | |
|---|---|---|---|
| ① 11 | ⑨ 13 | ⑰ 14 | ㉕ 15 |
| ② 13 | ⑩ 16 | ⑱ 17 | ㉖ 12 |
| ③ 14 | ⑪ 12 | ⑲ 14 | ㉗ 15 |
| ④ 13 | ⑫ 12 | ⑳ 17 | ㉘ 12 |
| ⑤ 13 | ⑬ 11 | ㉑ 12 | ㉙ 15 |
| ⑥ 16 | ⑭ 14 | ㉒ 13 | ㉚ 18 |
| ⑦ 13 | ⑮ 14 | ㉓ 12 | |
| ⑧ 16 | ⑯ 11 | ㉔ 12 | |

## 6                     p.84

| | | | |
|---|---|---|---|
| ① 14 | ⑥ 13 | ⑪ 17 | ⑯ 12 |
| ② 11 | ⑦ 11 | ⑫ 11 | ⑰ 17 |
| ③ 13 | ⑧ 14 | ⑬ 13 | ⑱ 15 |
| ④ 11 | ⑨ 14 | ⑭ 16 | ⑲ 11 |
| ⑤ 15 | ⑩ 12 | ⑮ 11 | ⑳ 11 |

## 7                     p.85

| | | | |
|---|---|---|---|
| ① 12 | ⑨ 13 | ⑰ 15 | ㉕ 16 |
| ② 11 | ⑩ 16 | ⑱ 11 | ㉖ 13 |
| ③ 12 | ⑪ 11 | ⑲ 14 | ㉗ 16 |
| ④ 15 | ⑫ 12 | ⑳ 17 | ㉘ 12 |
| ⑤ 14 | ⑬ 13 | ㉑ 13 | ㉙ 15 |
| ⑥ 11 | ⑭ 11 | ㉒ 13 | ㉚ 18 |
| ⑦ 14 | ⑮ 15 | ㉓ 14 | |
| ⑧ 17 | ⑯ 12 | ㉔ 13 | |

## 8                     p.86

| | | | |
|---|---|---|---|
| ① 13 | ⑥ 11 | ⑪ 17 | ⑯ 14 |
| ② 11 | ⑦ 11 | ⑫ 15 | ⑰ 12 |
| ③ 13 | ⑧ 12 | ⑬ 13 | ⑱ 18 |
| ④ 12 | ⑨ 11 | ⑭ 15 | ⑲ 16 |
| ⑤ 12 | ⑩ 14 | ⑮ 14 | ⑳ 12 |

**받아내림이 있는 (십몇)−(몇)**

## 1　p.88

| | | | |
|---|---|---|---|
| ① 9 | ⑨ 9 | ⑰ 7 | ㉕ 8 |
| ② 8 | ⑩ 8 | ⑱ 6 | ㉖ 7 |
| ③ 7 | ⑪ 7 | ⑲ 5 | ㉗ 8 |
| ④ 6 | ⑫ 6 | ⑳ 4 | ㉘ 7 |
| ⑤ 5 | ⑬ 4 | ㉑ 8 | ㉙ 9 |
| ⑥ 4 | ⑭ 3 | ㉒ 7 | ㉚ 9 |
| ⑦ 3 | ⑮ 9 | ㉓ 5 | |
| ⑧ 2 | ⑯ 8 | ㉔ 9 | |

## 2　p.89

| | | | |
|---|---|---|---|
| ① 6 | ⑥ 8 | ⑪ 6 | ⑯ 5 |
| ② 8 | ⑦ 6 | ⑫ 8 | ⑰ 7 |
| ③ 5 | ⑧ 6 | ⑬ 7 | ⑱ 9 |
| ④ 9 | ⑨ 8 | ⑭ 5 | ⑲ 7 |
| ⑤ 7 | ⑩ 9 | ⑮ 9 | ⑳ 5 |

## 3　p.90

| | | | |
|---|---|---|---|
| ① 9 | ⑨ 9 | ⑰ 8 | ㉕ 8 |
| ② 8 | ⑩ 8 | ⑱ 7 | ㉖ 7 |
| ③ 7 | ⑪ 7 | ⑲ 6 | ㉗ 6 |
| ④ 6 | ⑫ 6 | ⑳ 4 | ㉘ 9 |
| ⑤ 5 | ⑬ 5 | ㉑ 9 | ㉙ 9 |
| ⑥ 4 | ⑭ 4 | ㉒ 8 | ㉚ 8 |
| ⑦ 3 | ⑮ 3 | ㉓ 6 | |
| ⑧ 2 | ⑯ 9 | ㉔ 9 | |

## 4　p.91

| | | | |
|---|---|---|---|
| ① 4 | ⑥ 5 | ⑪ 7 | ⑯ 5 |
| ② 8 | ⑦ 6 | ⑫ 9 | ⑰ 9 |
| ③ 7 | ⑧ 6 | ⑬ 8 | ⑱ 2 |
| ④ 8 | ⑨ 7 | ⑭ 9 | ⑲ 8 |
| ⑤ 4 | ⑩ 5 | ⑮ 3 | ⑳ 9 |

## 5　p.92

| | | | |
|---|---|---|---|
| ① 7 | ⑨ 9 | ⑰ 5 | ㉕ 5 |
| ② 3 | ⑩ 9 | ⑱ 7 | ㉖ 7 |
| ③ 7 | ⑪ 6 | ⑲ 8 | ㉗ 9 |
| ④ 4 | ⑫ 9 | ⑳ 8 | ㉘ 6 |
| ⑤ 8 | ⑬ 6 | ㉑ 4 | ㉙ 7 |
| ⑥ 4 | ⑭ 3 | ㉒ 8 | ㉚ 9 |
| ⑦ 6 | ⑮ 7 | ㉓ 5 | |
| ⑧ 8 | ⑯ 8 | ㉔ 9 | |

## 6　p.93

| | | | |
|---|---|---|---|
| ① 7 | ⑥ 5 | ⑪ 8 | ⑯ 8 |
| ② 7 | ⑦ 6 | ⑫ 6 | ⑰ 9 |
| ③ 9 | ⑧ 5 | ⑬ 8 | ⑱ 6 |
| ④ 8 | ⑨ 7 | ⑭ 9 | ⑲ 6 |
| ⑤ 9 | ⑩ 3 | ⑮ 4 | ⑳ 8 |

## 7　p.94

| | | | |
|---|---|---|---|
| ① 9 | ⑨ 7 | ⑰ 8 | ㉕ 7 |
| ② 4 | ⑩ 7 | ⑱ 5 | ㉖ 4 |
| ③ 9 | ⑪ 8 | ⑲ 6 | ㉗ 7 |
| ④ 5 | ⑫ 3 | ⑳ 8 | ㉘ 8 |
| ⑤ 9 | ⑬ 7 | ㉑ 5 | ㉙ 9 |
| ⑥ 6 | ⑭ 4 | ㉒ 2 | ㉚ 9 |
| ⑦ 9 | ⑮ 8 | ㉓ 6 | |
| ⑧ 6 | ⑯ 5 | ㉔ 3 | |

## 8　p.95

| | | | |
|---|---|---|---|
| ① 8 | ⑥ 9 | ⑪ 5 | ⑯ 5 |
| ② 6 | ⑦ 9 | ⑫ 8 | ⑰ 4 |
| ③ 8 | ⑧ 6 | ⑬ 7 | ⑱ 9 |
| ④ 8 | ⑨ 7 | ⑭ 7 | ⑲ 4 |
| ⑤ 3 | ⑩ 9 | ⑮ 3 | ⑳ 9 |

## 실력 체크 최종 점검 5-8

### 5-A
p.98

| | | | |
|---|---|---|---|
| ① 77 | ⑦ 78 | ⑬ 36 | ⑲ 60 |
| ② 54 | ⑧ 56 | ⑭ 25 | ⑳ 16 |
| ③ 99 | ⑨ 38 | ⑮ 11 | ㉑ 34 |
| ④ 87 | ⑩ 69 | ⑯ 44 | ㉒ 12 |
| ⑤ 88 | ⑪ 48 | ⑰ 72 | ㉓ 32 |
| ⑥ 69 | ⑫ 89 | ⑱ 24 | ㉔ 31 |

### 5-B
p.99

| | | |
|---|---|---|
| ① 49 | ⑧ 22 | ⑮ 28 |
| ② 37 | ⑨ 42 | ⑯ 69 |
| ③ 85 | ⑩ 83 | ⑰ 76 |
| ④ 67 | ⑪ 40 | ⑱ 55 |
| ⑤ 23 | ⑫ 57 | ⑲ 97 |
| ⑥ 82 | ⑬ 21 | ⑳ 92 |
| ⑦ 59 | ⑭ 86 | ㉑ 75 |

### 6-A
p.100

| | | |
|---|---|---|
| ① 9 | ⑧ 6 | ⑮ 3 |
| ② 5 | ⑨ 2 | ⑯ 6 |
| ③ 8 | ⑩ 5 | ⑰ 9 |
| ④ 4 | ⑪ 2 | ⑱ 0 |
| ⑤ 1 | ⑫ 8 | ⑲ 2 |
| ⑥ 4 | ⑬ 5 | ⑳ 9 |
| ⑦ 9 | ⑭ 7 | ㉑ 6 |

### 6-B
p.101

| | |
|---|---|
| ① 4, 2, 2 | ④ 2, 7, 7 |
| ② 7, 0, 0 | ⑤ 7, 1, 1 |
| ③ 7, 9, 9 | ⑥ 2, 6, 6 |

## 7-A
p.102

| | | | |
|---|---|---|---|
| ① 12 | ⑨ 17 | ⑰ 12 | ㉕ 14 |
| ② 16 | ⑩ 16 | ⑱ 13 | ㉖ 11 |
| ③ 11 | ⑪ 11 | ⑲ 15 | ㉗ 12 |
| ④ 13 | ⑫ 11 | ⑳ 14 | ㉘ 13 |
| ⑤ 11 | ⑬ 15 | ㉑ 16 | ㉙ 11 |
| ⑥ 18 | ⑭ 14 | ㉒ 17 | ㉚ 12 |
| ⑦ 12 | ⑮ 15 | ㉓ 13 | |
| ⑧ 14 | ⑯ 13 | ㉔ 11 | |

## 7-B
p.103

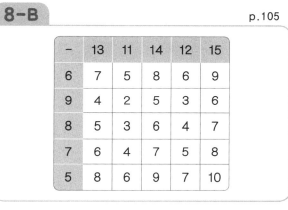

| + | 6 | 7 | 5 | 8 | 9 |
|---|---|---|---|---|---|
| 8 | 14 | 15 | 13 | 16 | 17 |
| 6 | 12 | 13 | 11 | 14 | 15 |
| 5 | 11 | 12 | 10 | 13 | 14 |
| 9 | 15 | 16 | 14 | 17 | 18 |
| 7 | 13 | 14 | 12 | 15 | 16 |

## 8-A
p.104

| | | | |
|---|---|---|---|
| ① 8 | ⑨ 8 | ⑰ 4 | ㉕ 9 |
| ② 5 | ⑩ 7 | ⑱ 7 | ㉖ 6 |
| ③ 8 | ⑪ 5 | ⑲ 9 | ㉗ 7 |
| ④ 6 | ⑫ 8 | ⑳ 3 | ㉘ 9 |
| ⑤ 7 | ⑬ 5 | ㉑ 8 | ㉙ 5 |
| ⑥ 6 | ⑭ 9 | ㉒ 6 | ㉚ 9 |
| ⑦ 2 | ⑮ 3 | ㉓ 8 | |
| ⑧ 7 | ⑯ 9 | ㉔ 7 | |

## 8-B
p.105

| − | 13 | 11 | 14 | 12 | 15 |
|---|---|---|---|---|---|
| 6 | 7 | 5 | 8 | 6 | 9 |
| 9 | 4 | 2 | 5 | 3 | 6 |
| 8 | 5 | 3 | 6 | 4 | 7 |
| 7 | 6 | 4 | 7 | 5 | 8 |
| 5 | 8 | 6 | 9 | 7 | 10 |

# Memo

# Memo

# Memo

동영상 강의 +
문제풀이 과정

www.nexusEDU.kr/math

넥서스에듀 홈페이지에서 제공하는 **계산 끝 진단평가**를 통해
여러분의 실력에 꼭 맞는 계산 끝 교재를 찾을 수 있습니다.

MATH is FUN!

## 기초수학 초등 4학년

## 기초수학 초등 5학년

## 기초수학 초등 6학년

MATH

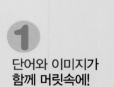

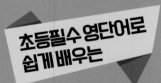